Maha M. Elsawy

Corantes naturais

Maha M. Elsawy

Corantes naturais

História, Métodos de extração, Mordentes e suas aplicações, Preparação da fibra para tingimento, Lista de matéria corante, cor, fontes e usos & Aplicação de matéria corante

ScienciaScripts

Cover image: www.ingimage.com

This book is a translation from the original published under ISBN 978-620-3-47093-2.

Publisher:
Sciencia Scripts
is a trademark of
Dodo Books Indian Ocean Ltd. and OmniScriptum S.R.L publishing group

120 High Road, East Finchley, London, N2 9ED, United Kingdom
Str. Armeneasca 28/1, office 1, Chisinau MD-2012, Republic of Moldova, Europe
Managing Directors: Ieva Konstantinova, Victoria Ursu
info@omniscriptum.com

Printed at: see last page
ISBN: 978-620-3-53385-9

Corantes Naturais

Maha M. Elsawy

Ajudar. Química orgânica aplicada

Departamento de Química, Faculdade de Ciências (Meninas), Universidade de Al-Azhar, Cairo, Egipto.

História, Métodos de extracção, Mordentes e suas aplicações, Preparação de fibra para tingimento, Lista de matéria corante, cor, fontes e usos & Aplicação de matéria corante

Conteúdos

História dos corantes naturais

Existem dois tipos de <u>corantes</u>, Natural e Sintético. Os corantes naturais provêm de fontes animais ou vegetais, enquanto que os corantes sintéticos são fabricados pelo homem. Até 1856, se estivesse a tentar tingir roupa, teria de usar corantes naturais. Alguns dos corantes naturais mais comuns incluem o púrpura tyrian, vermelho cochonilha, vermelho mais louco e azul índigo.

O roxo tírio foi um dos corantes naturais mais importantes alguma vez encontrados. Como diz a lenda, um cão pastor pertencente a Hércules caminhava ao longo da praia em Tiro. Mordeu num pequeno molusco que lhe virou a boca a cor do sangue coagulado. Este ficou conhecido como púrpura real ou tyrian. Trouxe grande prosperidade a Tiro, Líbano por volta de 1500 AC e durante séculos foi o tintura animal mais caro que o dinheiro podia comprar. Era a cor da alta realização, riqueza ostentatória, simbolizava a soberania, e os mais altos cargos no sistema legal. O roxo era a cor da barcaça de Cleópatra e Júlio César decretou que a cor só podia ser usada pelo imperador e pela sua família.

A Cochonilha é outro exemplo de um corante natural derivado de animais. A cochonilha é um corante carmesim feito de insectos cactos. Foi introduzida na Europa a partir do México pelos espanhóis. Foi utilizada como corante de pano, pigmento de artista, e muito mais tarde como corante alimentar. Isto também exigiu uma enorme colheita sazonal, visto que 17.000 insectos secos produziram uma única onça de corante.

Por outro lado, os corantes vegetais são geralmente mais baratos e em maior oferta. Os mais comuns são o vermelho mais louco e o azul índigo. Madder provém das raízes de 35 espécies de plantas encontradas na Europa e na Ásia. Foi mesmo encontrada no pano das múmias e foi a primeira tinta a ser usada como camuflagem.

O índigo era utilizado principalmente como corante e pigmento. Era derivado de uma planta tipo arbusto que era embebida em água e depois batida com bambu para acelerar a oxidação. Durante este processo, o líquido muda de verde para azul escuro. Depois é aquecido, filtrado, e formado numa pasta. Embora esta forma de índigo ainda esteja em uso, existe uma versão sintética que é utilizada hoje em dia principalmente para tingir calças de ganga azuis.

Existem outros corantes vegetais e animais, mas a sua gama de cores é estreita e produzem tonalidades que têm pouco valor de cor. Isto deixa os corantes naturais de topo de cor púrpura tyrian, vermelho cochonilha, vermelho mais louco e azul índigo. Se estiver interessado em saber mais sobre os corantes naturais, contacte-nos hoje.

MÉTODOS DE EXTRACÇÃO DE CORANTES

Foram realizados ensaios experimentais em jardins domésticos em colaboração com botânicos, concentrando-se principalmente nas melhores condições para o crescimento de plantas tintoriais no que diz respeito a factores edafo-climáticos. Foi adaptado um sistema de cultivo moderno para obter o máximo rendimento de tintura, incluindo o tempo óptimo de sementeira e colheita, procedimentos óptimos de fertilização. As partes vegetais utilizáveis foram sujeitas a processos de desidratação específicos ou o tingimento foi extraído de acordo com a estratégia dada.

Método tradicional

O método tradicional utilizado para extrair os corantes de todas as outras plantas mencionadas anteriormente, onde o material vegetal é adicionado directamente ao banho de tintura. Este tem sido utilizado por tintureiros durante séculos e ainda é utilizado por muitos tintureiros nos estados do nordeste da Índia.

As desvantagens deste método são:

- O material vegetal tem de ser separado do têxtil - Não é aplicável a máquinas modernas de fabrico têxtil (bombas e espinheiras serão asfixiadas) - Material vegetal duro, como raízes mais loucas ou cascas de Cassia, amla são dufficult para extrair - A baixa densidade do material seco requer um alto volume de processamento - A desvantagem tem de ser resolvida para utilização por moinhos modernos. Para uso industrial, o melhor método é fornecer extractos. Os extractos aquosos não são especialmente favoráveis para plantas tintoriais tais como Parkia, Alkanet e Tulsi, onde utilizámos 50: 50 água : extracto de metanol para tingimento. A razão é que os flavonóides, antraquinonas e aglycones são pouco solúveis em água e, portanto, são extraídos apenas parcialmente.

Método inovador para a extracção de corantes:

- A extracção eficiente do corante do material vegetal é muito importante para a padronização e optimização dos corantes vegetais. Utilizando a) Soxhlet - b) extracção de fluidos supercríticos - c) extracção de água subcrítica e - d) métodos Sonicator SOXHLET

SOXHLET

Extracção de Soxhlet

Quando um composto de baixa solubilidade precisa de ser extraído de uma mistura sólida, pode ser efectuada uma extracção de Soxhlet. A técnica coloca uma peça especializada de vidraria entre um frasco e um condensador. O solvente de refluxo lava repetidamente o sólido extraindo o composto desejado para dentro do frasco. A extracção de Soxhlet foi levada a cabo para identificação de corantes. Neste trabalho foram colocadas partes secas de plantas no cardo do extractor de soxhlet e foi utilizado metanol como solvente. A temperatura do instrumento foi mantida bem abaixo do ponto de ebulição do solvente utilizado. Vários ciclos de solvente foram executados de modo a extrair todos os compostos das partes da planta.

EXTRACTOR SUPERCRÍTICO

Sabe-se que os corantes naturais são utilizados desde tempos históricos para colorir substrato alimentar, couro, bem como fibras têxteis comuns como algodão, lã e seda. Contudo, devido ao advento dos corantes sintéticos e às suas boas propriedades de solidez em comparação com os corantes naturais, a utilização de corantes natu ral sofreu drasticamente. No cenário actual, tem havido um aumento da preocupação de eco-amizade e sustentabilidade dos produtos utilizados pelos consumidores para os quais os corantes naturais estão novamente a começar a experimentar um ligeiro aumento de popularidade. Foi realizado um estudo por Samanta e Agarwal que relata a caracterização bem como a análise química/bioquímica de vários corantes naturais disponíveis, os diferentes tipos de mordentes bem como as diferentes técnicas de mordente, os diferentes métodos convencionais e não convencionais de tingimento natural de têxteis. Os diferentes corantes naturais utilizados para o estudo são mais loucos, henna, held, índigo e outros como a polpa de anato, *tinctorum de Rubia*. São utilizados diferentes métodos de extracção, tais como a extracção aquosa, método não aquoso, bem como por ácido e álcali. Diferentes tipos de mordente e método de mordente afectam significativamente a taxa de desvanecimento. Para o algodão, as melhores combinações de mordente utilizadas neste estudo são harda e ácido tartárico, seguidas de ácido tânico e harda. A mordenteação dupla é empregada utilizando harda e sulfato de alumínio. As várias variáveis de processo a serem consideradas para tingimento com e extracção de corantes naturais são concentrações de material de fonte de corante, tempo de extracção, tempo de tingimento, concentração de mordente, pH e concentração de sal utilizado.

Outro estudo realizado dá-nos um conceito sobre tingimento com palash ou pétala de flor de tesu (*Butea monosperma*) *como* fontes de corantes naturais. Os corantes foram extraídos da *Butea monosperma* ou em outros termos chama da floresta e foram aplicados em 100% algodão. Foi utilizado um método diferente de extracção por fervura e o alúmen foi utilizado como mordente. O tecido foi então testado para todos os testes de solidez da cor. A amostra de algodão foi decapada e descolorada para melhor absorção da cor. Os resultados da solidez de lavagem foram observados onde o corante natural não tinha demasiada afinidade com a fibra mas pela aplicação de mordente podia resistir a pelo menos cinco lavagens. Também a solidez de fricção húmida do corante foi considerada mais pobre nos resultados experimentais. No entanto, observou-se que a *Butea monosperma* tem boa rapidez de transpiração, uma vez que não é reactiva à transpiração ácida e alcalina.

A utilização de corantes naturais começou a aumentar substancialmente ao longo dos anos actuais, devido à sua lenta, mas crescente, fase de recuperação actual, devido à preocupação das pessoas em reduzir a poluição ambiental e, consequentemente, em evitar corantes sintéticos e intermediários quimicamente mais perigosos. Dia após dia no mercado de exportação, a procura de têxteis naturais tingidos está a aumentar. Diferentes instituições/organizações e o Governo iniciaram estratégias de renovação multifacetadas para aumentar a utilização de corantes naturais, não só como uma oportunidade de emprego para várias ONG, sociedade de tecelões e tintureiros, designers, indústrias, pequenas indústrias artesanais, etc., mas principalmente para a adopção de tinturas de tecnologia verde. A indústria artesanal na Índia utiliza talentos locais para tingir fios e tecidos com compostos naturais, onde vários produtos são mundialmente famosos como a estampa Kalamkari. Diferentes países para além da Índia como a Turquia, Coreia, México, vários países de África abraçaram as utilizações de corantes naturais. Foi realizado um estudo para compreender o âmbito dos corantes naturais e o seu estado actual no mundo, para além de diferentes técnicas de aplicação, extracção de diferentes corantes naturais, bem como várias técnicas de mordente. Diferentes problemas associados a tais tinturas naturais também são aí destacados. As tribos Tharu da divisão encontraram uma nova fonte de tingimento natural das folhas e caules locais de *Jatropha curcas L.* Os corantes são extraídos por simples fervura das folhas em água e depois evaporação do extracto até à secura. O extracto obtido é de cor xaroposa de azeitona amarelada e quando aplicado nos tecidos de algodão são obtidos os diferentes tons de bronzeado e castanho.

Outro estado do nosso país, Manipur tem sido considerado como fonte de um corante natural, nomeadamente extractos de *Strobilanthus flaccidifolius* para uso em artesanato, teares manuais, belas artes, etc. Outras tribos de Manipur como a comunidade Meitei têm utilizado espécies como *Parkia javanica*, *Melastoma malabathricum*, *Pasania pachyphylla*, *Solanum incidum*, *Bixa orellana*, *Tectona grandis*, etc. Estas plantas são combinadas com outras plantas para extracção e depois o corante é preparado por fontes indígenas. Este estudo dos corantes extraídos das fontes acima referidas, o método de extracção, bem como a sua aplicação.

Agora, da floresta de Chhattisgarh, foram identificadas e recolhidas diferentes plantas que produzem tintura. Foi realizado um estudo sobre a diversidade de plantas tintoriais de Chhattisgarh, o método indígena de extracção de corantes e usos étnicos dos corantes. Estas cores estão a ser utilizadas pelos povos tribais desta região para diferentes fins, tais como ornamentação, cosmética, decoração de casas e coloração de utensílios domésticos feitos de lama.

A partir de plantas que produzem corantes naturais como *Cassia fistula*, *Garcinia indica*, *Tectona grandis* são obtidas e estudadas onde se diz que Goa aloja mais de 3000 espécies diferentes de plantas com flor. Foram extraídos corantes naturais de várias partes da planta como frutos, sementes, cascas, flores, raízes, etc. Os processos de extracção são estudados e são obtidos corantes de diferentes tonalidades. Este estudo pode também encorajar as indústrias de pequena escala a utilizar corantes naturais destas fontes para serem aplicados em tecidos de algodão e seda.

Fontes de diferentes corantes naturais e sua caracterização

Actualmente, vários produtos naturais estão a ser utilizados para tingir, a fim de satisfazer a procura dos consumidores por um ambiente sustentável. As revisões abaixo são para os vários corantes naturais utilizados em materiais têxteis.

A qualidade do material vegetal canadiano de haste dourada como corante natural. As soluções aquosas do material contendo os corantes flavonóides extraídos foram caracterizadas por meio de fotometria directa, absorvância após a adição de FeCl2 é medida, fenólicos totais (TPH) no extracto e tingimento em fio de lã são analisados onde apenas diferenças relativamente pequenas na profundidade de cor e sombra foram notadas entre as partes principais dos diferentes materiais recolhidos.

A hena natural é um pigmento vermelho-alaranjado que há muito é utilizado para a coloração da pele e do cabelo, bem como de materiais têxteis. Foi realizado um grande número de estudos sobre a extracção, bem como a aplicação de corante de hena nas fibras têxteis e foi determinada a padronização e simplificação das técnicas de tingimento. Devido às condições ambientais crescentes e à crescente consciência sobre a sustentabilidade, houve um interesse renovado em expandir o âmbito e as aplicações na coloração de fibras têxteis com alguns sucessos e promessas. A Henna mostra uma natureza ácida devido à presença de grupos polares, o que promove a sua utilização no processo de tinturaria têxtil.

Foi estudado o tingimento de corante natural extraído da fruta *platyphylla Liriope* em tecidos de seda. Dos quais se observou que o conteúdo fenólico total (1109,13 ± 69,02 mg), o conteúdo flavonóide total (530,60 ± 89,44 mg), e o conteúdo total de antocianina (492,26 ± 77,79 mg) foram medidos em 100 g de peso fresco de frutos de *L. platyphylla*. Foi alcançada uma ampla variação na tonalidade e profundidade da cor com misturas de diferentes combinações de extractos de corantes e mordentes metálicos. As tonalidades de cor púrpura, azul e verde pálido foram as principais obtidas quando tingidas com os extractos. A solidez dos tecidos de seda tingidos contra a luz, a lavagem e a fricção foram notados como sendo aceitáveis com pelo menos uma classificação de escala de cinzento de 3.

A casca de laranja é um subproduto agrícola facilmente disponível e é barata, bem como abundante. Foram estudadas as variações nos efeitos dos métodos e condições de tingimento, incluindo o valor de pH, temperatura, tempo e concentração de extractos de OP nas cores dos tecidos de lã tingidos. Foram utilizados mordentes ecológicos de alumínio e ferro. Foram observadas as condições óptimas de tingimento que incluíam temperatura de tingimento de 100°C, tempo de tingimento de 120 min, pH de 3 para tingimento directo e pH 7-9 para tingimento mordente de um banho. O espécime testado mostrou boa solidez de cor à lavagem com sabão, boa solidez de cor à fricção e solidez de cor aceitável à luz.

O Hibiscus é uma das principais fontes de tingimento natural. Pertence à família Malvaceae. Extractos aquosos destas flores têm demonstrado boas propriedades de rapidez. Verificou-se que o corante tem um bom alcance no tingimento comercial de algodão, seda para a indústria do vestuário e fio de lã para a indústria de tapetes. No presente estudo, o tingimento com hibisco demonstrou dar bons resultados de tingimento. O material é pré-tratado com mordentes metálicos a 2-4%, mantendo a relação M:L como 1:40 no peso do tecido em relação ao extracto vegetal. O tingimento é barato e tem bom valor comercial se tingido com algodão, lã e seda.

Outro material natural foi encontrado como sendo uma boa fonte de tingimento natural que é *Mahonia napaulensis DC.*, domesticação do nome comum, da família Berberidaceae. O corante natural é do caule e tem sido utilizado pelas tribos de Arunachal Pradesh. As propriedades de solidez para algodão tingido, tecidos de seda e fio de lã foram mostradas para aumentar substancialmente quando pré-tratado com mordente metálico (2% p/p em relação ao tecido).

Uma tentativa tem sido o tingimento de tecidos de lã usando lac como corante natural tanto em técnicas convencionais como ultra-sónicas. A extracção do corante foi comparada entre o método convencional e a técnica ultra-sónica, tendo os dados sido avaliados. Assim, foram comparados os efeitos do pH do banho de tintura, concentração de sal, poder ultra-sónico, tempo de tingimento e temperatura. O resultado das propriedades de solidez obtidas foi justo a bom.

Lã tingida com calêndula como uma fonte de cor amarela. No início, os fios de lã foram pré-mordenados com alúmen, tingidos com calêndula e depois tratados com diferentes percentagens de soluções de amoníaco. Após a lavagem com sabão padrão após alterações de cor, não houve efeito do amoníaco após tratamento na solidez de lavagem, no entanto as amostras mostram uma menor solidez à luz.

Um estudo sobre as propriedades tintoriais dos fios de lã utilizando o extracto de galinha como corante natural. Uma conclusão de que o extracto de galinha pode ser aplicado sobre fio de lã com ou sem mordentes para produzir marfim brilhante a amarelo acastanhado claro com boas propriedades de solidez contra a luz, lavagem e fricção foi obtida a partir do teste.

Os corantes naturais têm vindo lentamente a ganhar popularidade em todo o mundo. Extracção de corantes de soldadura utilizando aparelhos soxhlet. Os corantes naturais foram extraídos e isolados e a substância colorida obtida foi utilizada para tingimento de fibra de lã. Finalmente, foi feita uma comparação com os corantes sintéticos nos testes de solidez da cor. Pode-se concluir do estudo que a soldadura pode ser utilizada como corante não tóxico. Foram obtidas boas propriedades de solidez a partir deste extracto natural.

Foi feita uma tentativa de tingir o tecido de lã com hastes de Limoniastrum monopetalum. Os parâmetros de extracção foram optimizados. A optimização dos resultados de extracção obtidos foi a concentração de corante de 60 g/l, uma temperatura de 90°C e duração de 100 minutos. Os melhores resultados foram obtidos com pH 2, temperatura de tingimento de 100°C, e duração de tempo de 60 min. Foram utilizados mordentes metálicos neste processo. O extracto tem amplo tanino natural e compostos de polifenóis que são considerados como mordentes, uma vez que têm a capacidade de fixar os corantes no banho ao tecido.

O carmim índigo é outro corante azul renovável à base de recursos que pode ser utilizado para colorir fibras proteicas. Indigo carmine em combinação com outros corantes naturais num procedimento de banho único como um conceito de tingimento híbrido. Foram obtidos parâmetros óptimos de tingimento de pH na gama de 4-5 e temperatura entre 40 e 60°C.

Um novo conceito de poucos corantes naturais como célula solar sensibilizada (DSC) foi trazido por Hao et al. [21, 22, 23, 24]. Entre todos estes extractos fotocromáticos de corantes naturais, o corante de extracto de arroz negro apresenta melhores resultados, talvez devido à elevada interacção entre os grupos carbonilo [—C=O] e hidroxilo [—OH] de antocianina presente nesses corantes. Devido à técnica de preparação simples, estes são considerados como corantes naturais tão amplamente disponíveis e de baixo custo/capacidade como corantes foto-sensibilizados de corantes naturais, com carácter de célula solar foto-sensibilizada. Outros materiais como sementes de aciote, rosella, flores de ervilha azul, espinafres e ipomoea também foram relatados para tais corantes naturais, tendo na sua construção células solares foto-sensibilizadas.

Cochineal é uma espécie de insecto de nome científico *Dactylopius coccus*. O ácido carmínico é o corante natural obtido a partir do corpo seco da fêmea destes insectos. Este encontra aplicação nos sectores cosmético, alimentar, farmacêutico, assim como nas indústrias têxtil e plástica.

Um estudo do corante natural ecológico extraído de *Plumeria rubra* deve-se à existência de um espectro de absorção de sistemas altamente deslocalizados, mostrando uma ampla absorção na gama de 292-590 nm. Esta planta também encoraja a utilização de terrenos baldios, a florestação de terrenos baldios e proporciona uma consequente fonte adicional de rendimento à população rural.

O *Rubia tinctorum* é vulgarmente conhecido como madder produz pigmentos de antraquinona nas suas raízes, sendo um deles a alizarina (1,2 di-hidroxi antraquinona) que tem sido utilizada para tingir têxteis desde os tempos antigos. Os ensaios industriais demonstraram um bom desempenho ao utilizar pó seco 30% do peso do material a tingir para tingir algodão, lã e fios de seda. A resistência ao desvanecimento parece ser bastante boa para a lã tingida quando se usa lã tingida.

Foram consideradas diferentes plantas de coloração da Nova Caledónia, entre as quais

Hubera nitidissima, uma Annonaceae, mostrou uma cor amarela intensa nas fibras. A cor foi extraída das folhas da referida planta sobre linho, seda e lã. Os resultados da solidez da cor foram obtidos onde se concluiu que a *H. nitidissima* aparece como uma excelente fonte de tintura amarelo-claro rápida com interessantes propriedades antioxidantes. Hoje em dia, o corante natural extraído da casca do mangue era também utilizado como material de tingimento.

Aplicação de corantes naturais em diferentes têxteis

Aplicou selectivamente poucos corantes naturais a um tecido de seda por um processo de tingimento por exaustão, onde sulfato de potássio de alumínio, sulfato ferroso, sulfato de cobre, e cloreto estanoso foram utilizados como mordentes. O tingimento foi realizado em três fases diferentes do tecido - pré-mordantado, meta-mordantado e pós-mordantado. Foram relatados valores de solidez da cor de cada um. As condições de tingimento foram optimizadas como temperatura de tingimento de 90°C, tempo de tingimento de 60 min e pH de banho de tintura de 3 foi fixado para ser óptimo. Neste trabalho, os têxteis de seda natural foram tingidos com e sem mordentes utilizando $SnCl_2$, $KAl SO_4$, $FeSO_4$ e $CuSO_4$, proporcionando um grau variável de cor/tom/sombra, onde $FeSO_4$ produzia tons de castanho escuro e castanho escuro, $CuSO_4$ produzia tons de castanho claro a castanho avermelhado pálido, ambos mostrando uma menor solidez de lavagem, mas uma muito boa solidez de absorção de água, transpiração, luz e fricção.

Os vários testes físicos foram feitos e compararam-se também a resistência à tracção, resistência ao rasgamento e rigidez dos tecidos antes e depois do tingimento.

Tingimento de têxteis de lã com extracto de plantas de *acácia pennata*. A cor foi extraída das cascas da referida planta e aplicada sobre a lã. *A acácia pennata* é um arbusto espinhoso encontrado em toda a Índia e Birmânia. Foram realizadas experiências onde a acacia pennata foi utilizada em conjunto com o caule da bananeira. Quando comparado sem o caule da bananeira, observou-se que a solidez do corante sem o caule da bananeira era mais pobre do que quando o caule era utilizado. Concluiu-se que o caule da banana actuava como um bom mordente, eliminando assim o uso de mordentes metálicos e cancerígenos.

Foi feita uma tentativa de tingir o nylon e o poliéster com anato. O anato também conhecido como *Bixa orellana* tem um componente de cor, nomeadamente bixina de corante carotenóide. Observou-se que ambas as fibras mostram boa afinidade por este corante, mas moderada solidez à lavagem e pouca solidez à luz.

Foi feita uma tentativa de extrair corantes de ratanjot também conhecidos como *Arnebia nobilis* para aplicação em algodão, lã, seda, nylon, poliéster e acrílico. As condições do processo como o pH e a temperatura foram registadas. Foi observado que o corante apresenta uma sensibilidade aguda ao pH em termos de solubilidade e cor e é considerado termicamente estável até 80°C. As diferentes cores mostradas por vários tecidos foram registadas, tais como a cor rosa para poliéster, azul para nylon e outros substratos adquirindo uma tonalidade púrpura em condições de tingimento semelhantes.

Foi relatado um estudo sobre a cinética e termodinâmica do corante extraído de *Arnebia nobilis* em tecidos de lã. Foram relatados parâmetros físico-químicos e cinéticos de tingimento deste corante natural utilizando extracto aquoso de *Arnebia nobilis* aplicado em têxteis de lã, em comparação com o mesmo para outros corantes naturais como juglone, lawone e *emodi de Rheum*, etc. Os resultados mostraram aqui que os antraquinonóides baseados nestas cores naturais não formam o complexo coordenado desejado com a lã e são antes absorvidos no substrato de lã pelo mecanismo de partição seguindo a isoterma de Nernst como a absorção de corante disperso em poliéster.

O tingimento do denim de algodão com índigo, que dá a informação sobre as novas técnicas de aplicação de corantes de índigo aplicáveis ao índigo natural. Uma vez que o índigo tem afinidade negativa com o algodão, os métodos convencionais não podem ser aplicados. Os detalhes da redução de índigo, solubilização e aplicação de corantes foram estudados nesta referência.

Tentativa de tingimento de denim de cru com extracto de cebola como cor natural utilizando Potássio em combinação com harda e ácido tartárico como mordentes. Qualquer um dos mordentes não produziu a tonalidade desejada. Entre os mordentes combinados utilizados, verificou-se que a combinação Potássio + Harda era melhor do que potássio + ácido tartárico para produzir a profundidade desejada de tonalidade, mas o alúmen de potássio + ácido tartárico (5%:5%, ou seja, combinação 1:1 de cada 5% de aplicação) pós mordente mostrou melhores resultados globais de solidez da cor.

Foi realizado um estudo sobre a normalização das variáveis do processo de tingimento para a sua aplicação em tecido de juta branqueada com extracto aquoso de tesu (pétala de flor de palash). Observa-se que uma maior quantidade de pré-mordente com 20% de mirobolan (Harda contendo ácido quebulínico) seguido de 20% de sulfato de alumínio em sequência e tingimento a pH -11,0 produziu um óptimo rendimento de cor e uma boa solidez de cor em toda a volta. A melhoria na solidez à lavagem e leveza foi também conseguida com pós-tratamento químico adequado utilizando agentes adequados.

O tecido de juta cinzenta branqueado com peróxido de hidrogénio no método convencional foi mordantado com diferentes concentrações de sulfato ferroso e tingido separadamente com corantes naturais extraídos de folha de deodara (*Cedrus deodara* L.), folha de jaca (*Artocarpus integrifolia* L.) e folha de eucalipto (*Eucalyptus globulus* L.). A interdependência do rendimento da cor e as propriedades de solidez da cor nas dosagens, ou seja, concentrações de mordentes (FeSO4) utilizadas, maior concentração de ferro-mordente levam a um maior rendimento da cor, cor mais escura e melhor solidez da cor em geral. Mas não estudaram a perda de resistência devido ao mordente e que é essencialmente necessário avaliar também.

O uso de *madhuca longfolia* como fonte de corantes. As folhas secas da referida planta são tomadas como fonte de tintura para o tingimento da seda. As condições óptimas nas quais o corante foi extraído são pH de 10, tempo (60 min) e temperatura (95°C). A gama variável de tonalidades é obtida utilizando diferentes métodos, com ou sem o uso de mordentes. As amostras tingidas foram avaliadas para medições de cor e testes padrão de lavagem, luz e solidez à fricção. A eco-amizade do corante foi mantida em conta. As amostras tingidas são também testadas quanto à actividade antimicrobiana contra bactérias Gram-positivas e Gram-negativas. Os tecidos de seda tingidos mostram propriedades de rapidez aceitáveis e os resultados mostram que as folhas de *Madhuca longifolia* são promissoras como corante natural, o que pode assim abrir novas portas para produtos amigos do ambiente.

Foi feita uma tentativa de colorir a seda com o uso de barberry, um corante natural do tipo catiónico também conhecido como *Berberis aristata* DC. foi utilizado para tingir fios de seda pura degomados usando quatro mordentes seleccionados; alúmen, cromo, sulfato de cobre e sulfato ferroso em diferentes proporções, ou seja, 1:1, 1:3 e 3:1. Foram obtidos resultados optimizados para a extracção aquosa de mordente como tempo de 60 minutos, 8% de material de origem do corante e condições optimizadas de tingimento foram observadas para pH do banho de corante - 4,0, tempo de tingimento 45 minutos para mordente padrão com cromo + sulfato ferroso (1:3) e cromo + sulfato de cobre (3:1) produziram o maior grau de propriedades de solidez da cor. As diferentes percentagens de tonalidade e tonalidade de cor foram obtidas utilizando graus/percentagens variáveis de diferentes combinações de mordentes.

A aplicação de *Bixa orellana* em têxteis de proteínas, nomeadamente em lã e seda. As sementes de anato foram primeiro extraídas e depois empregadas em seda e lã na ausência e presença de sulfato de magnésio, sulfato de alumínio e sulfato ferroso. Foi obtida uma coloração eficaz a pH 4,5, geralmente na ausência e presença de tais sais inorgânicos. Verifica-se que a absorção de cor para a lã é superior à da seda em todas as condições estudadas. Quando ambos os substratos são tratados com tal sal antes da aplicação do anato, houve um aumento significativo na absorção de cor. As fibras proteicas coloridas, em geral, produzem luz e uma taxa de solidez de lavagem de 2-3. O sulfato ferroso, por sua vez, melhora as propriedades de solidez da cor e retenção da cor na lavagem da lã e fibras de seda.

Outro estudo sobre a aplicação de *Punica granatum* em tecidos de lã e seda. O *Punica granatum* também vulgarmente conhecido como casca de romã foi utilizado em lã e tecido de seda, na presença e ausência de agentes mordentes amigos do ambiente. Tanto o tingimento de seda como o de lã com solução de romã é considerado eficaz a pH 4,0. Com a aplicação de sulfato ferroso e sulfato de alumínio durante a pré e pós mordente, verificou-se uma melhoria na absorção da cor, solidez à luz e retenção da cor em lavagens repetidas. A utilização de tais mordentes, contudo, não mostra qualquer melhoria na propriedade de solidez à lavagem de substratos tingidos.

Foi estudada uma aplicação de tinta de extracto de fruta *Terminalia bellerica* em tecidos de lã sob diferentes condições de pH, concentrações de matéria corante natural, tempo de extracção/duração e temperaturas. Os resultados avaliados foram principalmente a força da cor da superfície e a profundidade da cor. O estudo mostra que o rendimento óptimo da cor foi obtido utilizando as seguintes condições de extracção e tingimento:

Mordente:

1   (i) dicromato de potássio + aplicação de ácido láctico 0,5 gpl, e (ii) cloreto crómico + aplicação de ácido láctico -0,5 gpl,

2 Tinturaria: tempo 60 min e temperatura de ebulição próxima da temperatura (95°C),

3 Sombra obtida: verde musgo com sistema mordente (i) como acima, amarelo mostarda com sistema mordente (ii) como acima e castanho muster com acetato de cobre e sulfato ferroso ou cloreto férrico como mordente. Assim, para tais corantes naturais, o tom de cor e a profundidade de sombra dependem muito do tipo de mordente e da sua concentração utilizada. Os resultados globais da solidez da cor à lavagem, às transpirações humanas ácidas ou alcalinas e à solidez de fricção/rolhamento foram quase os mesmos para esses tecidos de lã pré-mordidos e tingidos. Em caso de solidez à luz, foi obtida uma maior duração da exposição à luz, uma sombra mais escura e uma melhor solidez à luz. Não houve alteração da resistência da cor e das propriedades de solidez apesar da utilização de banho de tintura em pé (50 g T.b. frutos/100 ml de água) por 8 vezes.

Uma nova abordagem de tingimento onde o Eucalyptus (*Eucalyptus camaldulensis*) descasca em pó (sem qualquer tratamento/irradiação adicional) usando raios gama de corante natural irradiado de pó seco de extracto de folhas de eucalipto, para produzir têxteis naturais de cor castanha suavizante com maior solidez de cor por pré e/ou pós mordente necessário. Assim, quando este tecido foi tingido neste caso utilizando pó irradiado por raios gama de folhas secas de eucalipto, mostrou uma melhoria notável na solidez geral da cor.

Tingimento de misturas de poliéster e poliéster/viscose tingidas com extractos de casca de noz. Foram consideradas diferentes condições de extracção, tais como a relação material-liquor (M:L), temperatura de extracção, tempo de extracção e pH, a fim de obter a maior profundidade de cor. A extracção óptima de corantes naturais de casca de noz (*Juglans regia*) foi obtida a temperatura-80°C, tempo de extracção-75 min utilizando MLR como 1:30 a pH 2. Para tingir misturas de poliéster e poliéster/viscose com o referido extracto de casca de noz de parede utilizando $AlKHSO4$ ou $AlK(SO4)_2$ ou $FeSO4$ para tingimento separado durante 90 minutos e o tingimento subsequente foi estudado e verificou-se que o tingimento pré-mordente com $FeSO4$ oferece melhores resultados de tingimento com boa profundidade de cor e boa solidez de cor em geral, que pode ser utilizado para futuras aplicações de tingimento ecológico de poliéster e da sua mistura de têxteis.

Tingimento de tecidos de juta e algodão com misturas binárias de madeira de jaca juntamente com outros corantes naturais em combinação para produzir tonalidades compostas após estudo da sua compatibilidade. Convencionalmente, foram tomados tecidos de juta e algodão branqueados com peróxido de hidrogénio e foram pré-mordantados com 10-20% de harda (mirobolano) seguido de 10-20% de sal $Al_2(SO4)_3$ ou $FeSO_4$ em sequência como mordente duplo sequencial como um sistema de mordente mais prospectivo para posterior tingimento com extracto aquoso de madeira de jaca.

O estudo das variáveis do processo de tingimento mostrou que foram obtidos resultados óptimos de tingimento durante 90 minutos de tingimento, 70-90°C de temperatura de tingimento, 11,0 pH, 1:30 relação material/líquido, 20-30% de concentração de mordentes, 30-40% de concentração de corante de fonte, e 15 gpl de sal comum. No método convencional, para testar a compatibilidade destes pares binários de corantes naturais seleccionados, a fim de obter uma profundidade de sombra progressiva, foram produzidos e testados dois conjuntos de cinco amostras diferentes após tingimento com mistura 1:1 de dois corantes a 1% de profundidade de sombra fixa com tempo e perfil de temperatura variáveis num conjunto, bem como pela variação das concentrações totais dos pares binários de corantes (utilizando profundidade de sombra variável com proporção igual de 1:1 de mistura de dois corantes), mantendo-se o tempo e a temperatura fixos para o segundo conjunto e obtendo-se os seus parâmetros de cor K/S vs. DL e DC Vs. Os DL foram comparados para julgar a compatibilidade pelo método de comparação gráfica. No entanto, neste trabalho, foi descrito e adoptado aqui um método mais recente de procedimento de classificação de compatibilidade com o cálculo dos dados do Índice de Diferença de Cor (um parâmetro útil de diferença de cor recentemente definido) para facilitar a determinação da classificação de compatibilidade entre dois corantes de quaisquer pares binários de corantes naturais selectivos utilizados para aplicar essa mistura binária de corantes naturais no mesmo banho de corantes para sombra composta. Além disso, demonstraram métodos para melhorar a solidez da cor à lavagem através da utilização de pós-tratamento separado com agentes catiónicos como o CTAB (bromo de n-cetyl-N-trimetilamónio), ou cetrimida, etc. Da mesma forma, o pós-tratamento separado com 1% de benztriozale como absorvedor de UV também tinha mostrado uma melhoria nos resultados da solidez à luz.

Outra tentativa de tingimento de ratanjot sobre nylon e poliéster foi estudada onde os resultados observados indicaram que este corante tem uma boa substantividade tanto para fibras de nylon como de poliéster, provavelmente devido à menor estrutura polar deste corante e à isoterma de absorção da partição de Nernst sobre estas duas fibras. No entanto, foi obtida uma tonalidade de cor profunda e uma melhor solidez à luz e à lavagem.

O estudo sobre *Alternaria alternata* para tingimento e estampagem têxtil onde pigmentos naturais castanhos-avermelhados, obtidos após extracção de cores a partir de micélio seco de *Alternaria alternata* em meio solvente metanol. A pH -6, este Fungus produz o referido pigmento de cor extraível, que pode ser aplicado no algodão para cor clara com resultados médios de solidez de cor utilizando o processo de tingimento com pigmentos. Esta cor natural é antibacteriana e antifúngica, como evidenciado neste trabalho pelo método de teste AATCC100 para espécies de bactérias gram positivas e gram negativas para teste, mostrando a sua natureza antimicrobiana.

As propriedades tintoriais do corante natural extraído do *Rhizoma coptidis* em fibras acrílicas. A fibra acrílica foi tingida com solução aquosa de *Rhizoma coptidis* e a sua tinturabilidade foi estudada em termos das propriedades termodinâmicas e cinéticas e das condições do processo de tingimento. Este estudo mostrou que o efeito da temperatura de tingimento é positivo, ou seja, o rendimento da cor e a taxa de difusão da tintura aumenta com o aumento da temperatura de tingimento até um limite, indicando a temperatura de tingimento e a concentração mordente como variáveis críticas importantes em tal tingimento de acrílico com extracto de *Rhizoma coptidis*. Verifica-se que a solidez da cor à lavagem e à fricção é de grau 4.

Extraiu o corante ubiadin da *Swietenia mahagoni* e estudou as suas características de tingimento em tecido de seda utilizando mordentes metálicos. Foram utilizados mordentes metálicos tais como $MgCl_2$ e $FeSO_4$ e foram avaliadas as suas propriedades de tingimento. $FeSO_4$ em comparação com o de $MgCl_2$ mostrou bons resultados no rendimento da cor e nos resultados de solidez da cor.

Tingimento natural de meadas de fio de seda utilizando extracto de folhas de *Acalypha wilkesiana*, utilizando concentrações variáveis de mordentes como alúmen de potássio, dicromato de potássio, sulfato de cobre e sulfato ferroso. O dicromato de potássio e o sulfato de cobre não são mordentes amigos do ambiente. O alume potássico, embora dê boa solidez, mas considerando tanto o rendimento de cor como a solidez, FeSO4 oferece melhores resultados de rendimento de cor e solidez de cor.

Tingimento natural com pigmento fúngico natural extraído e purificado da *Thermomyces* sp. para aplicar em diferentes tecidos para optimizar e tingir parâmetros do processo de tingimento para tecidos de seda, algodão e lã. Este pigmento de cor extraído obtido da *Thermomyces* sp. indicava boa afinidade com os tecidos de seda do que outros, com boa solidez à luz (classificação 4), solidez à lavagem (classificação 4-5) e solidez à fricção (classificação 3-4). As condições óptimas para tingimento foram sugeridas a temperatura de tingimento - 30°C, pH-3, mordente mirobalano-5%, e tempo de tingimento - 20 minutos de duração. O pigmento também deu uma redução razoável de bactérias em tal amostra tingida com seda contra *Salmonella typhi* (51,05%).

Utilização de pericarpo de frutos *Terminalia chebula* Retz. como fonte de corante natural para aplicações têxteis. *Terminalia chebula* Retz. da Família-Combretaceae, nome comercial - Pericarpo de frutos mirobalanos em pó foi tomado para a utilização como corante. Os frutos secos constituem um dos mais importantes materiais de curtimento vegetal e têm sido utilizados na Índia durante muito tempo. Este pericarpo de fruta pode assim ser utilizado como matéria-prima para tingimento natural.

Uma tentativa de tingir lã e seda com *emodi de Rheum*. Tecidos de seda e lã, que foram tingidos com corante extraído do *emodi de Rheum* na ausência e presença de mordentes metálicos tais como sulfato de magnésio, sulfato de alumínio e sulfato ferroso para produzir tonalidades de diferentes cores, desde o amarelo ao verde-azeitona. O estudo de isotermas de tingimento e cinética do processo de tingimento indicou que este mecanismo de tingimento não segue a formação coordenada complexa entre fibra-mordente-tintada, mas sim segue isotermas tipo Nernst mostrando padrão de mecanismo de partição, para este corante à base de antraquinonoides onde as moléculas de tingimento são adsorvidas por tecidos de seda e lã como um corante disperso.

No entanto, a taxa de tingimento é maior para a seda do que para a lã e a profundidade da cor é aumentada pelo uso de sulfato de alumínio ou sulfato ferroso como mordente e considerando os resultados do teste de solidez da cor, o mais recente, ou seja, sulfato ferroso como mordente é considerado superior (oferecendo grau de solidez de lavagem de 3 a 4 ou 4) do que o uso das mesmas dosagens de sulfato de alumínio.

Assim, o sulfato ferroso é preferido como mordente para obter uma melhoria nas propriedades de solidez da cor e retenção da cor na lavagem tanto de tecidos de lã como de seda.

As vantagens dos corantes naturais em relação aos sintéticos são os colectores, uma vez que são amigos do ambiente, seguros para o contacto corporal e harmonizados, tal como relatado por Brian [58]. Muitos cientistas também têm sugerido e relatado a importância medicinal e antibacteriana dos corantes naturais. O corante amarelo do rizoma do açafrão-da-terra tem sido reportado como sendo tradicionalmente utilizado na medicina como um medicamento anti-inflamatório. A maioria dos corantes naturais provaram ser não tóxicos e amigos do ambiente, embora existam algumas excepções.

Os corantes naturais são os corantes extraídos das matérias vegetais, minerais ou insectos. Embora a maioria dos corantes naturais tenha pouca ou moderada solidez à luz e os corantes sintéticos representem uma gama completa de cores com propriedades de solidez à luz que vão de moderada a excelente, a utilização de corantes naturais em têxteis tem sido relatada por muitos cientistas. O tingimento de algodão com extracto de folha de Beilschmiedia fagifolia utilizou o método sonicator para tingir algodão com extractos aquosos de *B. fagifolia*. Os autores relataram que o pré-tratamento do algodão com mordente metálico a 1-2% e o tingimento com extracto vegetal a 5% produziram resultados óptimos com boas propriedades de solidez.

A aplicação de corantes naturais tais como o açafrão-da-índia, o açafrão-da-terra, o catechu, o ruibarbo indiano, a hena, e a casca de chá e romã em nylon de fibra sintética.

Existem muitos livros históricos que documentam a literatura sobre a utilização de corantes naturais ou materiais tingidos naturais (têxteis, velas, alimentos, peles, etc.) que datam desde o século XVIII.

Identificação de corantes em têxteis históricos através de métodos cromatográficos e espectrofotométricos, bem como por reacções de cor sensíveis, a retenção de ácido carmínico, indigotina, corcetina, ácido gambogico, alizarina flavanóide, antraquinona e purpurina, etc. Foi relatado um método não destrutivo para identificar corantes desbotados em tecidos têxteis através do exame dos seus espectros de emissão e excitação. Purificou e caracterizou agentes naturais e cores extraídas da casca de manga para aplicação em fibras proteicas como a lã.

A separação e identificação de corantes naturais de fibras de lã usando HPLC de fase reversa usando uma coluna C-18. Dois sistemas de solventes quaternários e um sistema de solventes binários foram relatados para serem utilizados na obtenção de cromatogramas de análise por HPLC de antroquinonóides vermelhos à base de plantas e de insectos e de corantes de tipo molusco-azul e índigoide vermelho-púrpura. Este método permite o processo de eluição para a determinação de diferentes funcionalidades químicas e classe de corantes e encurta significativamente o tempo de teste.

Caracterizou a actividade antimicrobiana após tingimento ecológico com noz de arcea utilizando aditivos mordentes/mordentes naturais como mirobolan, lodhra e casca de romã, e descobriu que a casca de romã produz a melhor actividade antibacteriana e Lodhar produz a maior solidez de cor para lavar entre todos os aditivos moderadores utilizados.

Uma tentativa de preparar corantes azo-alquídicos através da redução de nitroalquídicos, seguida pela diazotização de aminoalquídicos e acoplamento com diferentes compostos de fenol presentes no óleo de sementes de *Jatropha curcas* utilizando espectros de IR.

Os dados de toxicidade também fornecem provas sobre o efeito adverso para o ser humano e o ambiente. A toxicidade aguda, os efeitos de irritação na pele e nos olhos e o potencial de sensibilização, para além da poluição ambiental na sociedade, são os principais motivos de preocupação. Além disso, os possíveis efeitos a longo prazo, tais como a toxicidade mutagénica, carcinogénica ou reprodutiva, são melhor avaliados pelo teste LD50. Os extractos metanólicos brutos de caule e raízes, folhas, frutos, sementes de *Artocarpus Hetrophyllus* exibiram uma boa classificação de actividade antibacteriana. As fracções de butanol da mesma casca de raiz e do mesmo fruto também foram consideradas como as mais activas.

Extracção de taninos de folhas de galinha de carvalho (ou seja, galinhas de carvalho contendo ácido gálico e ácido tânico e ajuda na melhor fixação de corantes) da região dos Himalaias e tecidos de algodão, lã e seda tingidos com diferentes mordentes metálicos e obtidos melhores tecidos rápidos de cor, que são também amigos da pele. A principal razão do renascimento dos corantes naturais para têxteis é a sua compatibilidade com o ambiente e com a pele também.

Corantes naturais com agentes de acabamento antimicrobianos naturais

Foi realizado um estudo sobre os efeitos antibacterianos e antifúngicos desses têxteis tingidos com curcuma, terminalli, goiaba e hena. Os resultados obtidos indicaram que numa dose de 50 µl de Terminalli tingido foi capaz de inibir o crescimento de todos os fungos testados. A taxa de absorção de corantes naturais foi analisada pelo Espectrofotómetro UV. A taxa de absorvância obtida foi elevada em Terminalli (2.266) e açafrão-da-índia (2.255). Assim, deste estudo concluiu-se que os corantes naturais foram ligados a produtos tradicionais para dar boa cor e boa actividade antimicrobiana contra agentes patogénicos fúngicos isolados.

Outro estudo sobre a actividade antimicrobiana de alguns corantes naturais como *Acacia catechu*, *Kerria lacca*, *Quercus infectoria*, *Rubia cordifolia* e *Rumex maritimus*, que nos dá uma ideia sobre a determinação da sua concentração inibitória mínima (MIC), que se verificou variar de 5 a 40 mg. Assim, este material têxtil tingido com estes corantes deve tomar acima da concentração de MIC para uma acção antimicrobiana eficaz em tais têxteis tingidos naturais.

Curcumina, um corante natural comum utilizado para colorações de tecidos e alimentos, foi utilizado para tingir tecidos de lã para obter tingimento e acabamento antimicrobiano, mostrando simultaneamente relação entre percentagem de redução bacteriana e concentração de corante (curcumina), e taxa de inibição microbiana e força de cor da superfície (valor K/S). No entanto, a durabilidade da acção antimicrobiana para diferentes nos. do ciclo de lavagem após lavagem e após exposição à luz UV/luz solar são também critérios muito importantes, que foram também discutidos de forma crítica neste trabalho.

Tentou um trabalho de investigação da acção antimicrobiana do *Rheum emodi* L. como potencial corante natural antibacteriano e tingiram fios de lã com extracto de *Rheum emodi* L. como corante purificado aplicando concentração de corante de 5-10% com ou sem mordentes como sulfato ferroso, cloreto de estanoso e alúmen natural para posterior teste antimicrobiano contra *E. coli* e *S. aureus* seguindo o método de teste AATCC100. Os resultados de tais amostras de fio de lã tingido natural *Rheum emodi* indicaram 90% de percentagem de redução bacteriana, bem como uma protecção fúngica muito elevada mostrando propriedades antimicrobianas muito eficazes.

Esse pré-tratamento com sulfato de alumínio como pré-mordente e seguido de tingimento posterior com corantes naturais selectivos extraídos da folha de chá verde, via mais louca, via de curcuma, pétalas de açafrão, e henna como corante natural, cum agentes antimicrobianos naturais, proporciona uma propriedade de acabamento antibacteriano moderada a boa nos tecidos de lã e também levou a uma boa durabilidade da referida acção antimicrobiana mesmo após cinco ciclos de lavagem e acima de 300 min de exposição à luz UV/luz solar.

Um estudo sobre a actividade antimicrobiana do próprio catechu e do extracto de catechu fio de lã tingido. Os resultados indicados mostram mais de 90% de redução antibacteriana, de acordo com o método de teste padrão. O carácter de inibição antimicrobiana observado indica que o catechu pode ser um promissor agente de acabamento antimicrobiano natural para o desenvolvimento de materiais têxteis bioactivos e antimicrobianos tingidos para as necessidades actuais.

Vários estudos recentes sobre coloração natural simultânea e acabamento antimicrobiano de diferentes têxteis utilizando corantes naturais selectivos/agentes naturais aplicados isoladamente ou em combinação foram investigados por vários autores, como mencionado abaixo para estudo detalhado e outras referências:

Corantes naturais com agentes de acabamento de protecção UV naturais

Um estudo sobre a propriedade antibacteriana e UV dos tecidos de algodão egípcio tratados com extracto aquoso de resíduos de casca de banana após a sua extracção em solução de NaOH a 1%.

Desenvolvimento de tecido natural de juta tingida com melhor rendimento de cor e características de protecção UV usando harda (mirobolano) como bio mordente (embora não seja verdadeiramente um mordente, é antes um assistente mordente com alto poder de coordenação para promover a formação de complexos de fibra-mordente-dinâmica usando vários grupos de —OH e —COOH de ácido quebulínico presentes no mesmo) e extracto de casca de romã como corante natural bem como agente protector UV usando sulfato ferroso ecológico e alúmen de potássio como mordentes. Foram obtidas excelentes classificações de protecção ultravioleta (UV) em caso de tingimento de tecido de juta com casca de romã. No entanto, o tecido de juta tratado com manjistha, annatto, ratanjot e baboolas corantes naturais com agentes de acabamento protectores UV naturais, aplicados após pré-mordente com pré-tratamento sequencial com extracto de Harda como biomordente e Alumínio como mordente químico metálico mas natural amigo do ambiente. Os resultados observados indicaram que as propriedades de protecção UV dos ditos corantes naturais selectivos cum agentes de acabamento protectores UV naturais, aplicados sobre tecido de juta branqueada seguem a seguinte ordem de desempenhos protectores UV: babool > annatto > manjistha > ratanjot.

Estudo de resíduos de casca de laranja como produto de tintura agrícola para obtenção de corantes naturais concorrentes e acabamento de protecção UV em têxteis para um potencial forte carácter de absorção UV da casca de laranja aplicada em tecidos de lã. Os resultados foram encorajadores e as condições óptimas desta coloração natural simultânea e acabamento protector UV em tecidos de lã são: temperatura óptima de 100°C, tempo óptimo120 min, tingimento de esperma de banho de finshing pH-3 para seguir o tingimento de esperma sem mordente e pH 7-9 para mordente simultâneo, tingimento e acabamento num banho usando sulfato de alumínio ou sulfato ferroso, ou seja, ferro como mordente metálico ecológico, mostrando grande potencial de extracto de casca de laranja como útil para este fim.

Processo de tingimento

O processo de tingimento é um dos factores-chave para o sucesso do comércio de produtos têxteis. Para além do desenho e da cor bonita, o consumidor procura normalmente algumas características básicas do produto, tais como boa fixação no que diz respeito à luz, transpiração e lavagem, Corantes Têxteis: tanto inicialmente como após utilização prolongada. Para assegurar estas propriedades, as substâncias que dão cor à fibra devem mostrar grande afinidade, cor uniforme, resistência ao desvanecimento, e ser ecologicamente viáveis. A tecnologia moderna de tingimento consiste em várias etapas seleccionadas de acordo com a natureza da fibra e propriedades dos corantes e pigmentos para utilização em tecidos, tais como estrutura química, classificação, disponibilidade comercial, propriedades de fixação compatíveis com o material a ser tingido, considerações económicas e muitas outras. Os métodos de tingimento não mudaram muito com o tempo. Basicamente, a água é utilizada para limpar, tingir e aplicar produtos químicos auxiliares aos tecidos, e também para enxaguar as fibras ou tecidos tratados. O processo de tingimento envolve três etapas: preparação, tingimento e acabamento, como se segue: A preparação é a etapa em que as impurezas indesejadas são removidas dos tecidos antes do tingimento. Isto pode ser realizado através da limpeza com substâncias alcalinas aquosas e detergentes ou através da aplicação de enzimas. Muitos tecidos são branqueados com peróxido de hidrogénio ou compostos contendo cloro a fim de remover a sua cor natural, e se o tecido for vendido branco e não tingido, são adicionados agentes branqueadores ópticos.

O tingimento é a aplicação aquosa da cor aos substratos têxteis, utilizando principalmente corantes orgânicos sintéticos e frequentemente a temperaturas e pressões elevadas em algumas das etapas. É importante salientar que não há corantes que tingam todas as fibras existentes e nenhuma fibra que possa ser tingida por todos os corantes conhecidos. Durante esta etapa, os corantes e auxiliares químicos tais como tensioactivos, ácidos, álcalis/bases, electrólitos, portadores, agentes de nivelamento, agentes promotores, agentes quelantes, óleos emulsionantes, agentes amaciadores, etc., são aplicados ao mosaico texturizado para obter uma profundidade de cor uniforme com as propriedades de solidez da cor adequadas para a utilização final do tecido. Este processo inclui a difusão do corante na fase líquida seguida de adsorção na superfície externa das fibras, e finalmente a difusão e adsorção na superfície interna das fibras. Dependendo da utilização final esperada dos tecidos, podem ser necessárias diferentes propriedades de solidez. Por exemplo, os fatos de banho não devem sangrar na água e os tecidos para automóveis não devem desbotar após exposição prolongada à luz solar. São utilizados diferentes tipos de corantes e aditivos químicos para obter estas propriedades, o que é efectuado durante a fase de acabamento. O tingimento também pode ser realizado através da aplicação de pigmentos (os pigmentos diferem dos corantes por não apresentarem afinidade química ou física com as fibras) juntamente com ligantes (polímeros que fixam o pigmento às fibras).

1. Lista de matérias de cor

Existem algumas questões técnicas e desvantagens relacionadas com a aplicação de corantes naturais, que reduziram as suas aplicações que são: - A maioria aplicável às fibras naturais (algodão, linho, lã e seda) - Fracas propriedades de solidez da cor - Fraca reprodutibilidade das tonalidades - Não existem receitas e métodos de cor padrão. - Utilização de mordentes metálicos, alguns dos quais não são amigos do ambiente. Hill [1] tinha dado a sua opinião de que o trabalho de investigação com corantes naturais é inadequado, e há necessidade de um trabalho de investigação significativo para explorar o potencial dos corantes naturais antes da sua importante aplicação ao substrato têxtil. Na Índia, inicialmente a Alps Industries Ghaziabad (Uttar Pradesh, Índia) e mais tarde a Ama Herbals, Lucknow, e a Bio Dye Goa fizeram um extenso trabalho de investigação industrial e de produção de corantes naturais e têxteis tingidos naturalmente.

Em muitos países, as indústrias de artesanato de base têxtil contrataram a população local para tingir fios têxteis com corantes naturais e tecê-los para produzir tecidos especiais. A estampagem de tecidos têxteis com corantes naturais na Índia é feita especialmente no Rajasthan e Madhya Pradesh. Os tapetes turcos são reconhecidos pela sua beleza feitos com corantes naturais.

Os principais importadores de corantes naturais são os EUA e a UE. Na UE, os principais importadores de corantes naturais são a França, Alemanha, Itália e o Reino Unido. Os corantes naturais têm muitas vantagens [2] como não toxicidade, eco-amizade, sombra agradável à vista e com aroma especial ou frescura de sombra [3]; contudo, os corantes naturais têm algumas desvantagens em mostrar má reprodutibilidade de cor, composição pobre ou inconsistente, rapidez média de lavagem [4] e menor disponibilidade em diferentes regiões, que são de grande preocupação contra o seu ressurgimento. Além disso, os corantes naturais não têm qualquer método de tingimento padrão estabelecido [5]. A tonalidade final depende do tipo de mordente utilizado na tinturaria. Os corantes naturais são utilizados no tingimento de algodão [6, 7], linho [8], lã [9, 10], seda [11, 12], nylon e tecidos de poliéster [13, 14]. Os corantes naturais podem ser classificados de diferentes maneiras, tais como baseados na origem/tipo de fonte, tipo de matiz, estrutura química [15, 16] e componentes de cor.

A classificação dos corantes naturais com base na origem/fonte é dada a seguir: - Origem vegetal - Origem animal - Origem mineral Para a origem vegetal dos corantes naturais, a melhor fonte de corantes naturais são as diferentes partes das plantas e das árvores. A maioria dos corantes naturais é extraída de diferentes partes das plantas e das árvores. Os corantes naturais e pigmentos são extraídos das seguintes partes de plantas/árvores: - Semente - Raiz - Caules - Cascas - Folhas - Flores Os corantes naturais têm uma ampla aplicação na coloração da maioria das fibras naturais, por exemplo, algodão, linho, lã e fibra de seda, e em algumas extensões de nylon e fibra sintética de poliéster.

No entanto, as principais questões para os têxteis tingidos naturalmente são a reprodutibilidade da sombra, a não disponibilidade de um procedimento padrão bem definido para aplicação e o fraco desempenho duradouro da sombra sob a água e a exposição à luz. A obtenção de uma boa solidez da cor à lavagem e à luz é também um desafio para o tintureiro. Vários investigadores tinham proposto diferentes métodos de tingimento e parâmetros de processo, mas mesmo assim estas informações são inadequadas, pelo que isto exige a necessidade de investigação para desenvolver alguma técnica padrão de extracção de corantes e normalização de todo o processo de tingimento natural em têxteis. Aqui há exemplos de poucos corantes naturais importantes [17] que são amplamente utilizados no tingimento de materiais têxteis, descritos abaixo.

1.7 **Frutos de macaco** (Artocarpus heterophyllus Lam)
   É um fruto muito popular do sul da Índia e de
outras partes da Índia. A madeira da árvore é
cortada em pequenas lascas e esmagada em pó e
depois fervida em água para extrair o corante. Após
o tratamento mordente dos tecidos tingidos, obtêm-
se tons de amarelo a castanho. Os tecidos de
algodão e juta são tingidos por este corante.
Pertence à família de Moraceae. O corante consiste
em morina como molécula corante.

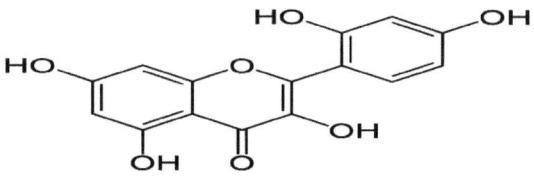

Estrutura química da morina

1.8 **Açafrão-da-terra** (Curcuma longa)
   O corante é obtido a partir da raiz da planta. A raiz
de curcuma é seca, triturada em pó e fervida com
água para extrair o corante. Pode ser utilizado no
tingimento de algodão, lã e seda. Um tratamento de
mordente adequado melhora a solidez da cor a

lavar. O tom amarelo brilhante é obtido após o tingimento com corante natural de curcuma. O curcuma é uma rica fonte de compostos fenólicos conhecidos como curcuminoides. Os ingredientes corantes do curcuma são denominados curcuminoides. A curcumina é diarilheptanóide existente sob a forma de keto-enol. O curcuma é um membro do grupo botânico Curcuma.

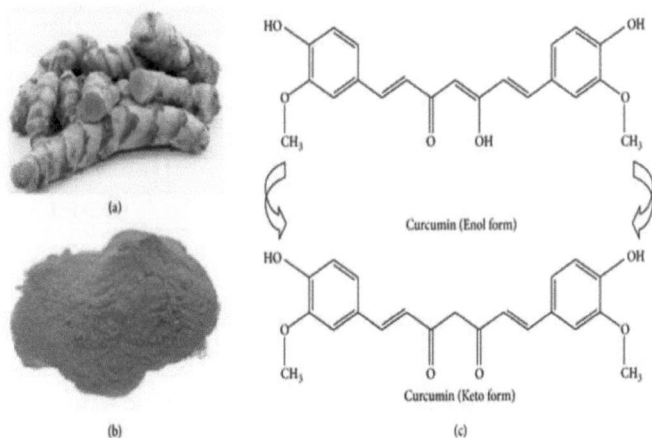

Estrutura química da Curcumina

1.9 *Cebola (Allium cepa)*

A pele de cebola é a principal fonte do corante. A pele da cebola é fervida para extrair a cor e pode ser posteriormente tingida com ou sem mordedura do tecido. A cor resultante é de laranja a castanho. Contém pigmentos corantes chamados pelargonidina (5,5,7,4 tetrahidroxi antocianidol). A quantidade de pigmento corante presente varia de 2,0 a 2,25%.

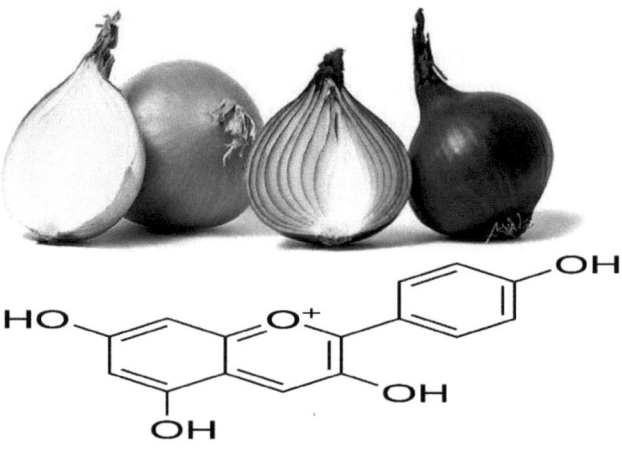

Estrutura química da pelargonidina

1.4 Hina (Lawsonia inermis L)

É a folha da planta que é tradicionalmente utilizada para fazer o desenho colorido nas mãos das mulheres. A folha da planta é seca, esmagada e subsequentemente fervida com água para extrair o corante da folha. O tecido mordantado dá cor do castanho ao amarelo mostarda. Esta é a cor do tipo tintura dispersa; assim, o poliéster e o nylon podem ser tingidos por hina. No entanto, mancha lã e seda, dando uma cor castanha mais clara.

Hina é vulgarmente conhecida como Lawone. O principal constituinte das folhas de hina é o ácido hennotânico; é um pigmento vermelho alaranjado. Quimicamente, o ácido hennotânico é 2-hidroxi-1,4-naftoquinona. As moléculas corantes têm uma forte substantividade para a fibra proteica.

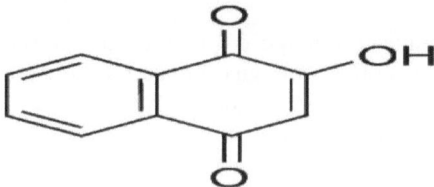

Estrutura química do ácido hennotânico

1.5 Indigo (Indigofera tinctoria)

É a semente da planta. A planta completamente madura tem 0,4% de cor sobre o peso da planta. As plantas são mergulhadas na água até ao início da fermentação. Quando a hidrólise do glucósido está completa, o licor é separado dos detritos da planta. O extracto é arejado que converte o indoxil em indigotina que se separa como um precipitado. A sombra do índigo natural é difícil de reproduzir exactamente. A variedade de tonalidade azul no algodão pode ser obtida através da aplicação de índigo natural. É uma espécie de corante de cuba e por isso necessita de uma cuba redutora com jiggery líquido e ácido cítrico ou dithionate.

O precursor do índigo é o indigo que é um composto incolor e solúvel em água. Indican hidroliza na água e liberta β-D-glucose e indoxil. A oxidação do indoxil resultou em indigotina. O rendimento médio de indigotina de uma planta índigo é de 0,2-0,8%. O índigo também está presente nos moluscos. Os moluscos contêm uma mistura de índigo e 6,6'-dibromo índigo (vermelho), que juntos produzem uma cor conhecida como púrpura tíria. Durante o tingimento devido à exposição ao ar, o dibromo índigo é convertido em azul índigo, e a mistura produz uma cor azul real.

Estrutura química do azul índigo

1.6 Madder ou manjistha ou Rubia (Rubia tinctorum)

O corante é obtido a partir da raiz da planta. A raiz é esfregada, seca à luz solar e finalmente fervida na água para extrair o corante em solução. A tintura tem cor vermelha. A fibra de algodão, seda e lã pode ser tingida com mais louco a uma temperatura de 100°C durante um período de 60 min, e subsequentemente a solução de tintura é arrefecida. O tom vermelho vivo é produzido em lã e seda e a cor violeta vermelha em algodão. Este é um tipo mordantável de corante ácido com grupos fenólicos (-OH). A matéria corante em madder é alizarina do grupo da antharaquinona. A raiz da planta contém vários compostos polifenólicos, que são 1,3-dihidroxiantraquinona, 1,4-dihidroxiantraquinona, 1,2,4-trihidroxiantraquinona e 1,2-dihidroxiantraquinona.

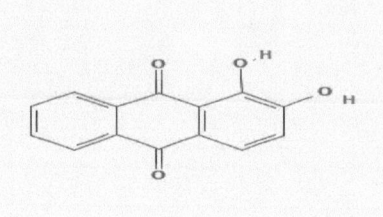

Estrutura química de Alizarin

1.7 Resíduos de chá (Camellia sinensis)

A Índia é um dos maiores consumidores de chá. Os restos de chá são colectáveis em grande quantidade. O extracto de resíduos de chá pode ser utilizado como corante natural em combinação com diferentes mordentes, que podem produzir tonalidades castanhas-amareladas a castanhas. Este é um corante mordantável. Flavonóides, flavonóis e ácidos fenólicos são os principais componentes corantes nos resíduos do chá. Os polifenóis, que são sobretudo flavonóis, são conhecidos como catequinas com epicatechina e seus derivados.

1.8 Safflower (Carthamus tinctorius)

As pétalas de açafroa são embebidas em água destilada e subsequentemente fervidas com água durante mais de 2 h, e é repetido duas vezes. A solução é filtrada e o filtrado é seco a vácuo. O pó obtido tem uma resistência de 20-30%. Ao tingir produz um tom de vermelho cereja a vermelho amarelado. O açafroa contém pigmento natural chamado carthamine. A biossíntese da cartamina é realizada por calcone (2,4,6,4-tetra-hidroxi-calcone) com duas moléculas de glucose e que resultou na formação de açafrão A e açafrão B

Estrutura química da cartamina.

51

1.9 Madeira de Sappan (Caesalpinia sappan)

A extracção aquosa é utilizada para extrair o corante da madeira de sappan. A extracção de álcali também pode ser utilizada. Produz uma cor vermelha brilhante. Produz uma cor alaranjada em combinação com curcuma e tonalidade castanha com catechu. A árvore de madeira de sappan encontra-se na Índia, Malásia e Filipinas. O pigmento de coloração é semelhante ao da madeira de madeira. O mesmo corante está também presente na madeira do Brasil.

1.10 Madeira de madeira (Haematoxylon compechianum)

O corante é extraído do caule da árvore. Os caules são quebrados em pequenos pedaços e mergulhados em água fria durante várias horas, seguidas de fervura. A solução de tintura extraída é tingida. O corante natural do tronco é utilizado para produzir sombra negra sobre a lã. As árvores de madeira de toro encontram-se no México, América Central e ilhas das Caraíbas. É também conhecida como madeira de compeachy. A matéria corante no corante natural do logwood é a hematoxilina, que após oxidação forma hematina durante o isolamento.

Açafrão (Crocus sativus) O corante é extraído do estigma da flor, que é fervida em água, e a cor é extraída. Transmite uma cor amarela brilhante ao material têxtil. A lã, a seda e o algodão podem ser tingidos com açafrão. O mordente de alumínio produz um tom amarelo alaranjado que também é chamado amarelo açafrão. Isto é também utilizado como corante alimentar. O açafrão é uma planta perene que pertence à família das Iridaceae. A estrutura molecular aquosa da carthamina (açafroa). A estrutura molecular da hematoxilina e do brasilin. Figura 10. Estrutura molecular da hematoxilina. Química e Tecnologia de Corantes e Pigmentos Naturais e Sintéticos 8 extracto de pétalas de açafrão contém 12% de corante. A matéria corante do açafrão contém compostos fenólicos, flavonóides e antocianinas. As antocianidinas (pelargonidina) são responsáveis pela cor das pétalas de açafrão. A oxidação das antocianidinas produz flavonol.

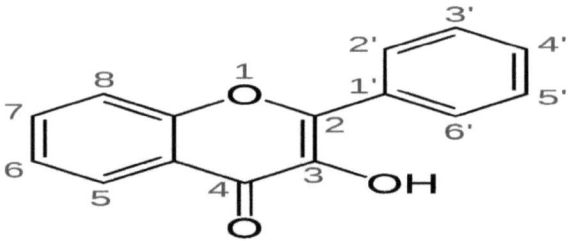

Estrutura química do flavonol.

1.11 Crosta de romã (Punica granatum)

A casca de resíduos de romãs é utilizada como corante natural. A fruta da romã é rica em taninos naturais. A casca do anar produz um corante de cor amarela. Este corante natural é utilizado no tingimento de lã, seda e fibra de algodão. A molécula corante na casca da romã é o flavogallol, que é chamado granatonina. Existe na forma alcalóide (N-metil granatonina). A casca da romã é rica em taninos; por conseguinte, é também utilizada como material de curtimento.

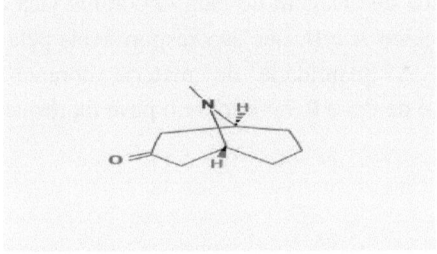

Estrutura química da granatonina

1.12 Insecto Lac (Laccifer Lacca Kerr)

É uma secreção protectora resinosa da laceração do insecto que funciona como uma praga num certo número de plantas. O corante Lac pode ser obtido através da extracção de lac lac (shellac) com água e solução de carbonato de sódio e precipitando com cal. A laca contém um corante vermelho solúvel em água.

Produz um corante vermelho escarlate a carmesim depois de tingido. O corante laca é obtido de um insecto chamado coccus lacca. A resina produzida por insecto é chamada de lacagem de pau. O corante laca contém ácido lacaico A e B, que são responsáveis pela cor do corante. A quantidade de matéria corante (ácido lacaico) é de 0,5 a 0,75% sobre o peso da resina.

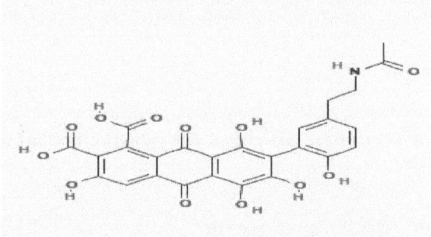

Estrutura química do ácido lacaico

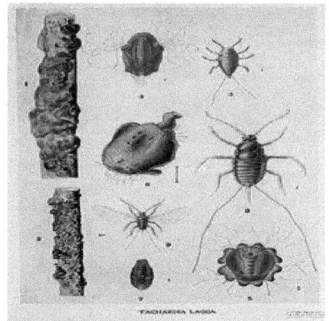

1.13 Cochonilha (Dactylopius coccus)

Cochonilha é obtida a partir de um insecto. Produz uma bela cor carmesim, escarlate e rosa em algodão, lã e seda. Após mordente com alúmen, crómio, ferro e cobre; produz-se a cor do púrpura ao cinzento. Cochonilha é um inseto em escala

do qual deriva o carmim de corante natural. O ácido carmínico é extraído de insectos fêmeas de cochonilha. O corpo do insecto é de 19-22% de ácido carmínico.

Estrutura química do ácido carmínico

2. Classificação dos corantes naturais

2.1 Por constituição química

2.1.1 Classe índigoide

Dois corantes importantes nesta classe são o azul índigo e o roxo tírio. Ocorre como indiciador de glucósido na planta. Outro corante azul é o woad com a mesma classe química. A estrutura química que pertence à classe dos índigoides é:

2.1.2 Classe de antraquinona

Os corantes que pertencem a esta classe têm estrutura de antraquinona e são obtidos de plantas e insectos. A tonalidade vermelha é específica desta classe. Madder, lac, kermes e cochonilha são alguns dos exemplos.

1.8.1 Alfa naftoquinona

Os corantes têm estrutura de alfa-naftoquinona como a 2-hydroxy 1-4-naphthoquinone. Hina, lawone e juglone são exemplos desta classe. A estrutura química desta classe é:

1.8.2 Flavones

Os corantes estão a ter uma tonalidade amarela. O corante de solda natural pertence a esta categoria. A maioria dos corantes são derivados de hidroxil e metoxil flavonas ou isoflavonas substituídas. A estrutura química desta classe de corantes é:

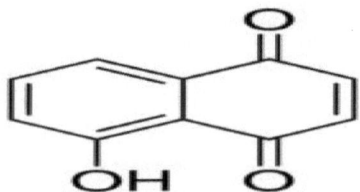

1.8.3 Carotenóides

Os corantes naturais açafrão e urucu pertencem a esta classe. A estrutura dos corantes desta classe tem laços duplos conjugados de cadeia longa. A estrutura química desta classe é:

1.8.4 Dihydropyrans

Os corantes que pertencem a esta categoria são madeira de toro e madeira de safpan. O logwood, um corante natural, produz tons negros escuros sobre seda, lã e algodão.

Estrutura química da madeira em toro

1.8.5 Antocianidinas

O corante natural carajurin pertence a esta categoria. Os tons de azul e laranja são obtidos a partir desta classe.

Estrutura química da carajurina

Química dos corantes naturais

Os diferentes corantes naturais contêm diferentes grupos cromóforos e auxocrómicos. Dependendo da presença de um grupo particular na estrutura do corante, a química dos corantes pode ser explicada em termos dos seus grupos cromóforos. As diferentes estruturas dos corantes e grupos cromóforos são as explicadas.

2.2.1 Estrutura baseada em quinoides

A estrutura de tintura à base de quinoides pode ser vista como três estruturas químicas (a) benzoquinona, (b) naftoquinona e (c) antraquinona. A cartamina corante natural pertence ao grupo da benzoquinona, e a juglone e a lawone têm estrutura de naftoquinona. O corante alizarino possui estrutura de antraquinona.

2.2.1.1 Corantes de benzoquinona

Nesta estrutura de corante, o sistema electrónico л é pequeno, e o corante contém outro grupo insaturado em conjugação com o sistema electrónico л.

Estrutura carotenóide.

A   cartamina está presente no açafroa (Natural Red 26). O açafroa (Carthamus tinctorius) é uma planta subtropical e cultivada na Índia, China, América do Norte e do Sul e Europa. No tingimento, o corante amarelo solúvel em água (amarelo açafrão) é extraído [18] por água fria, e depois a açafrão vermelho é extraído por uma solução diluída de carbonato de sódio. Após a neutralização da solução extraída, pode ser utilizada no tingimento de lã, seda e algodão.

2.2.1.2 Corantes de naftoquinona

O corante natural Lawsone e juglon pertence a esta categoria. A Lawsone é extraída da planta hina; as folhas também contêm corantes flavonóides lutcolina. É cultivada em países como a Índia, África e Austrália. A naftoquinona está presente na forma glicosídica [19, 20] denominada Hennosid. A análise quantitativa de lawsone pode ser realizada por cromatografia líquida de alto desempenho na coluna C18 de fase reversa. As folhas de hina extraídas do clorofórmio foram analisadas por cromatografia de camada fina de alto desempenho

2.2.1.2.1 Lawsone

Forma de Lawsone 1:2 complexa com Fe(II) e Mn (II) e útil no tingimento de lã e fibra de seda. O melhor tingimento é obtido a pH 3,0. Agarwal et al. [21] estudaram o efeito de diferentes mordentes e diferentes métodos de mordente para obter as diferentes tonalidades. Hina pode ser utilizada para tingimento de algodão, poliéster, poliamida e triacetato de celulose, uma vez que a estrutura das moléculas do corante é semelhante a corantes dispersos [22-24].

2.2.1.2.2 Juglone

O juglone é representativo do corante natural com estrutura de naftoquinona. O tingimento é extraído de diferentes partes de árvores de nozes. A juglone está presente como uma forma glicosídica em árvores e plantas. A lã tingida com juglone está a ter boa resistência com traças e insectos. O tratamento de mordente aumenta ainda mais as propriedades de rapidez. O tingimento de materiais têxteis com extracto aquoso de noz produz tonalidades castanhas. Uma vasta gama de fibras têxteis, por exemplo lã, seda, nylon e poliéster, pode ser tingida com juglone.

2.2.1.3 Antharaquinona

Possui o maior grupo de corantes de antraquinona. O ruibarbo (CI Natural Yellow 23) é extraído da raiz da planta. O corante extraído contém emodina, crisofenol, aloé emodina e pyscion.

Emodin

Aloe-emodin

O extracto de ruibarbo é utilizado no tingimento de fibra de lã [25]. Produz tons de amarelo a laranja após mordenteamento com alúmen. O tratamento de mordente melhora a solidez à luz dos materiais tingidos. A alizarina natural, pseudo-purina e purpurina pertence à planta da família das Rubiaceae e tem uma estrutura de antraquinona [26].

O corante é obtido a partir da raiz da planta. Madder (C.I Natural Red 8) corante natural produz corante vermelho; o cultivo de madder é feito como material de origem para a cor vermelha na Europa, Ásia e América do Norte e do Sul. O corante é extraído a partir das raízes secas da planta. As raízes da planta contêm 2-3,0% de glucósidos de di- e tri-hidroxil anthraquinona.

2.2.2 Carotenóides

Os carotenóides são pigmentos vermelhos, amarelos e laranja presentes nas plantas e nos animais [17]. Tem uma estrutura poliisoprenoide com uma série de ligações conjugadas de localização central. As cores brilhantes de muitas frutas e legumes devem-se aos carotenóides. Os carotenóides são estruturas poliisoprenoides que contêm ligações conjugadas duplas, que actuam como cromóforos e são responsáveis por espectros de absorção característicos.

Astaxanthin (3,3'-dihydroxy-β,β-carotene-4,4'-dione)

Canthaxanthin (β,β-carotene-4,4'-dione)

Echinenone (β,β-caroten-4-one)

Os carotenóides estão divididos em duas partes: a. Carotenóide hidrocarbónico b. Oxigénio contendo xantofilas Alterações estruturais por hidrogenação, migração de dupla ligação, isomerização e alongamento e encurtamento da cadeia resultaram em muitas estruturas carotenóides. Os carotenóides possuem uma forte resistência à luz UV, e β caroteno é uma estrutura típica geralmente encontrada em corantes naturais.

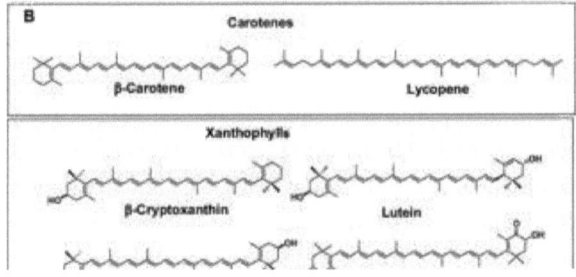

Os corantes Pyron contêm flavonóides e antocianinas com estrutura:

A estrutura pyron está ligada a vários açúcares por ligações glicosídicas [17]. Os flavonóides são classificados como flavonóis, flavonas, antocianidinas, isoflavonas, flavon-3,4-dióis e cumarinas. Os flavonóides e flavonóis amarelos são utilizados como corantes vegetais. O valioso e muito popular flavonóide é a quercetina amarela, que possui vários efeitos biológicos.

2.2.2.2.2 Antocianinas

As antocianinas encontram-se em frutas e vegetais; algumas são vinho de uva, cerejas doces e ácidas, repolho vermelho, hibisco e diferentes variedades de laranjas. Existem mais de 500 variedades de antocianinas que produzem as cores vermelha, rosa, violeta e laranja. Existem algumas antocianinas importantes que são o cianeto, a delfinidina, a pelargonidina, a malvidina, a peonidina e a petunidina.

Muitas plantas para além das antocianinas contêm também quercetina e clorofilas, e a cor resultante é uma mistura de todas estas.

1.8.6 Corantes de líquenes e cogumelos

As cores violeta e roxa eram geralmente obtidas a partir de moluscos e crustáceos, e eram fonte de corantes desde a Antiguidade até ao início da Idade Média. Royale roxo e Tyrian roxo eram o nome da cor obtida originalmente a partir de moluscos [27]. Os líquenes e os cogumelos são fonte de corantes naturais, e produzem cores violeta e púrpura. Os líquenes são encontrados nas zonas costeiras e eram mais fáceis de recolher. Os métodos de tingimento com líquenes são fáceis; contudo, a desvantagem associada aos líquenes é a fraca solidez à luz. Portanto, o tingimento de líquenes está limitado a tecidos de qualidade barata. Os fungos são também utilizados para tingir tecidos. Na América e Índia, a cor vermelha é obtida a partir do fungo Echinodontium tinctorium. Em Itália e França, os fungos obtidos a partir de Polyporales foram utilizados para tingir a lã. Os corantes em líquenes e fungos são derivados da benzoquinona, especialmente da terfenilquinona. Algumas destas espécies possuem compostos tais como Sarcodon, Phellodon, Hydnellum e Thelephora [28, 29]. Orquídea e tornassol são os corantes que são responsáveis pela cor em líquenes. A cor dos líquenes é produzida através de pré-composições de orquídeas e tornesolitos por reacções enzimáticas consecutivas, hidrolisação, descarboxilação e oxidação [30], respectivamente. Depois alguns pré-compostos são ácido lecanórico, atranorina e ácido girosfórico que participam na formação de orquídea e de tornesol como:

No passado, a extracção de corantes dos líquenes era feita mantendo os líquenes em água com amoníaco durante vários dias. A reacção ocorreu através da hidrólise enzimática em que compostos não corados, tais como ácido lecanórico, são convertidos em orcinol por hidrólise e descarboxilação. O orcinol após oxidação forma orceínas roxas ou tornesol. A cor tanto do tornesol como da orquídea depende do pH da solução [30]. Em pH ácido forma catião vermelho, e em pH básico, forma anião violeta azulado. Os líquenes que pertencem às espécies Parmelia, Xanthoria parietina, Ochrolechia tartarea e Lasallia pustulata são capazes de produzir cores amareladas, acastanhadas e castanhas-avermelhadas no tingimento da lã com líquenes [31]. O tingimento é feito fervendo a lã com solução de líquen pré-mordantada ou sem lã mordantada na presença de amoníaco.

Os cogumelos que pertencem às espécies Sarcodon, Phellodon e Hydlnellum contêm compostos de terfenilquinona como corantes principais que produzem cor azul nos cogumelos. São derivados da benzoquinona. Os cogumelos da espécie Cortinarius são ricamente coloridos em castanho, vermelho, verde azeitona e violeta. São derivados da antraquinona.

1.8.7 Taninos

Os taninos são polifenóis poliméricos com estrutura típica de anel aromático com constituintes hidroxil e têm um peso molecular relativamente elevado. Nas plantas encontram-se dois grupos diferentes de taninos, (a) taninos hidrolisáveis e (b) proantocianidinas (tanino condensado) [32, 33]. Os taninos estão presentes nas células vegetais e estão concentrados nos tecidos epidérmicos. Os taninos encontram-se na madeira, folhas, botões, caules, florais e raízes [34]. Os taninos hidrolisáveis estão concentrados nas raízes de várias plantas. As plantas são a fonte de diferentes variedades de taninos. Os três taninos principais (taninos hidrolisáveis) são agrupados em galotaninos [35] ou elagitanos e que são ácido gálico ou ácidos elágicos. Os galotaninos mais difundidos são a glicose pentagalloil. Os elagitanos são ésteres de ácidos hexa-hidroxidifenicos. O ácido gálico e o ácido hexahidroxidifenico ocorrem juntos em alguns taninos hidrolisáveis [36].

Os taninos condensados são polímeros de 15 unidades monómeras de poli-hidroxiflavano-3-ol-carbono tais como (-) epicatechina ou (+) catechina. A natureza química complexa dos taninos torna a biossíntese e a polimerização uma tarefa difícil; no entanto, existem algumas vias estabelecidas para a síntese biológica. O precursor da biossíntese de taninos hidrolisáveis é o ácido chiquímico. A aromatização directa do ácido 3-hidroxiquímico produz ácido gálico, que ao ser esterificado forma poliol. A síntese biológica de taninos condensados ocorre de duas formas diferentes (a) por fenilpropanoide e (b) por poliacetato. A via dos policetídeos toma moieties malonil para a formação de anéis aromáticos na biossíntese de flavonóides. A via fenilpropanoide toma aminoácido aromático, L-fenilalanina, que é desaminado não oxidativamente a E-cinamato por fenilalanina amonia-lisase.

1.9 Por tonalidade ou cor produzida

A classificação dos corantes naturais também é feita de acordo com a tonalidade da cor. Alguns corantes naturais importantes que dão cores primárias e secundárias são: a. Vermelho: O índice de cor tem 32 corantes naturais vermelhos. Os membros proeminentes são maddar, manjistha, Brazil wood, Morinda, cochineal e lac dyes. b. Azul: Existem quatro corantes naturais azuis. Algumas cores proeminentes são o índigo, Kumbh e flores de Tsuykusa japonês. O azul índigo natural é conhecido desde tempos muito antigos para tingir algodão e lã. c. Amarelo: Existem 28 corantes naturais amarelos disponíveis que são utilizados no tingimento de lã, seda e algodão. Exemplos proeminentes são a amora, flores de tesu, Kamala, curcuma e calêndula. d. Verde: As plantas que produzem cor verde natural são muito raras; são feitas misturando cores primárias amarelas e azuis. O maço e o índigo produzem a cor verde. e. Preto e castanho: Existem seis corantes naturais pretos. O Cutch é utilizado para produzir tonalidade castanha; para obter a lacagem da tonalidade preta, são utilizados carbono e caramelo.

Laranja: Os corantes naturais que produzem cor vermelha e amarela são utilizados para produzir tonalidades de laranja. Barbeny e urucu são os exemplos da cor laranja.

Classificação baseada na aplicação

Corantes de cuba:

O índigo é um corante insolúvel em água, e antes da sua aplicação é solubilizado em água. A solubilização do índigo natural é feita com a ajuda de hidrossulfito de sódio e hidróxido de sódio. Após a solubilização, é aplicada sobre fibra celulósica, e após a tintura, o desenvolvimento da cor é feito por oxidação com peróxido de hidrogénio. O corante índigo é o representante da classe índigoide de corantes de cuba b.

Corantes directos:

Os corantes naturais solúveis em água e com uma estrutura molecular longa e planar e presença de ligações conjugadas (ligações simples e duplas) podem ser aplicados pelo método de tingimento directo. As moléculas do corante podem conter grupos amino, hidroxilo e sulfónico. Curcuma, Harda, casca de romã e anato podem ser aplicados por método de tingimento directo. O sal comum é utilizado para obter uma melhor exaustão dos corantes. A temperatura do tingimento é mantida a 100°C c. Corantes ácidos: As moléculas do corante possuem grupos sulfónicos ou carboxílicos na sua estrutura, que produzem afinidade para a lã e a fibra de seda. O tingimento é feito a um pH ácido de 4,5-5,5. Após o tingimento, a melhoria da solidez é feita com ácido tânico. O tingimento da lã e da seda com açafrão é feito pelo método de tingimento ácido. A presença de sal comum no banho de tintura produz o efeito de nivelamento d.

Corantes básicos:

As moléculas do corante produzem catiões coloridos após dissolução na água a pH ácido. As moléculas do corante contêm grupos -NH2 e reagem com grupos -COOH de lã e seda. O pH do banho de tintura é mantido em 4-5 pela adição de ácido acético

3. Extracção de corantes naturais

A quantidade de corantes naturais presentes nos produtos naturais é muito inferior [11, 37]. Precisam de técnica específica para remover o corante da sua fonte original. Aqui há alguns métodos que são adequados para a extracção de corantes naturais das suas matérias-primas [28]; os diferentes métodos de extracção são os seguintes:

3.1 Extracção aquosa

Neste método, os materiais que contêm o corante são quebrados em pequenos pedaços ou em pó e depois embebidos em água durante a noite. É fervido e filtrado para remover materiais não tingidos. Por vezes, são também utilizados filtros de tricotagem para remover impurezas finas. As desvantagens desta técnica são que, durante a ebulição, parte do corante decompõe-se. Portanto, os corantes que não se decompõem à temperatura de ebulição são adequados por este método. As moléculas devem ser solúveis em água.

3.2 Extracção de ácidos e álcalis

A maioria dos corantes naturais são glicósidos; podem ser extraídos em condições ácidas ou alcalinas. O método de hidrólise ácida é utilizado na extracção do corante natural tesu da flor tesu. A solução alcalina é adequada para os corantes que contêm grupos fenólicos na sua estrutura. Os corantes de sementes de urucum podem ser extraídos por este método. A extracção do corante de lac lac e do corante vermelho de açafroa também é feita por este método.

3.3 Extracção por microondas por ultra-sons

As ondas de microondas e ultra-sons são úteis na extracção de corantes naturais. Esta técnica está a ter várias vantagens em relação à extracção aquosa. Nesta técnica, é necessária menos quantidade de solvente (água) na extracção. O tratamento é feito a uma temperatura mais baixa e em menos tempo em comparação com a extracção aquosa. Ultra-sons e micro-ondas são enviados em solução aquosa de corante natural, o que acelera o processo de extracção.

3.4 Por fermentação

Na presença de bio-enzimas, a fermentação de substâncias naturais que contêm cor torna-se mais rápida, e a extracção de corantes naturais tem lugar. A extracção de índigo é o melhor exemplo do método de fermentação de extracção. As enzimas quebram o indicador glucosídico em glicose e indoxil pela enzima indimulsina. A extracção do corante natural amato também é feita pelo método enzimático. A celulose, amilose e pectinase estão a ter aplicação na extracção do corante natural da casca, caule e raízes.

3.5 Extracção por solventes

Há utilização de solventes orgânicos tais como acetona, petróleo, éter, clorofórmio e etanol na extracção de corantes naturais. É uma técnica muito viável em comparação com a extracção aquosa. O rendimento do corante é bom, e a quantidade de água necessária é menor. A extracção é feita a uma temperatura mais baixa.

4. Caracterização dos corantes naturais

Para uma utilização comercial bem sucedida dos corantes naturais, há necessidade de uma técnica de tingimento padronizada para a qual a caracterização dos corantes naturais é essencial.

4.1 Espectroscopia visível por UV

É útil para caracterizar a cor em termos do comprimento de onda de máxima absorção e tonalidade dominante. A aplicação da caracterização UV é para identificar a capacidade das moléculas de corante para absorver o comprimento de onda UV e as características de desvanecimento dos corantes. Alguns investigadores [38] tinham feito análises UV de corantes naturais. Mathur et al. [9] estudaram os espectros UV da casca de neem, e tem dois máximos de absorção a 275 e 374 nm. O açúcar batido [39] mostra as suas faixas de absorção a 220, 270 e 530 nm. Gulrajani et al. [40] estudaram as bandas de absorção de ratanjot e observaram que em pH ácido, a absorção ocorre a 520-525 nm, e em pH alcalino, ocorre a 610-615 nm. A madeira de sandália vermelha [41] mostra um forte pico de absorção a 288 nm e uma absorção máxima a 504 e 474 nm em solução de metanol a pH 10. A flor de Gomphrena globosa apresenta um pico a 533 nm. O corante não tem diferença no valor de pico a pH 4 e 7 na região visível; no entanto, deslocou-se para 554 nm [42]. Bhuyan et al. estudaram a absorção do corante extraído de Mimusops elengi e Terminalia arjun e concluíram que o corante absorvido pela fibra varia de 21,94 a 27,46% e de 5,18 a 10,78%, respectivamente, dependendo da concentração do banho [43-45]. Também relatou a absorção da cor extraída das raízes de Morinda angustifolia Roxb utilizando extracto de benzeno. A cor mostra absorção a 446, 299, 291, 265,5 e 232 nm. Química e Tecnologia de Corantes e Pigmentos Naturais e Sintéticos 20 O valor do comprimento de onda da absorção máxima para um determinado corante depende da constituição química das moléculas do corante que é variável e depende do ambiente de crescimento de um determinado corante natural. A caracterização de um determinado corante é útil para decidir a tonalidade do corante.

4.2 Técnica cromatográfica

A cromatografia em camada fina é utilizada para identificar diferentes componentes de cor em corantes naturais. Koren [46] analisou corante de insectos, mais louco e índigoide. Guinot [47] analisou plantas contendo compostos de corantes flavonóides. Balakina [48] analisou quantitativa e qualitativamente corantes vermelhos tais como alizarina, purpurina e ácido carmínico por cromatografia líquida de alto desempenho. Mc Goven [49] et al. identificaram os corantes arrancados da fibra de lã por HPLC com coluna C18. Szostek [50] et al. estudaram a retenção de ácido carmínico, indigotina, corcetina, ácido gambogico, alizarina, flavonóide, antraquinona e purpurina. Estudou o exame de corantes desbotados através de espectros de emissão e absorção por método não destrutivo. Cristea [51] et al. tinham relatado análises quantitativas de soldadura por HPLC e informaram que após 15 minutos. Extracção em mistura metanol/água, 0,448% luteolina, 0,357% luteolina 7-glucoside e 0,233% luteolina 3′7 diglucoside foram obtidos. Son et al. [52] relataram a análise do tempo de tingimento mais longo no tingimento de índigo e o seu efeito na mudança estrutural das moléculas de tingimento através da análise HPLC. A espectroscopia derivada e HPLC foram utilizadas para analisar tinturas de anato; a preparação da amostra envolveu extracção com acetona na presença de HCl e remoção de água por evaporação com etanol. O resíduo foi dissolvido em mistura de clorofórmio e ácido acético para espectroscopia de derivados ou com acetona para HPLC. 5. Teoria do tingimento Os corantes naturais são muito adequados para o tingimento de fibras proteicas, em comparação com as fibras celulósicas. As fibras sintéticas que contêm grupos polares como o nylon, acrílico e viscose são também acessíveis aos corantes naturais. Os corantes naturais são termo-estáveis e têm pouca estabilidade química, o que torna os corantes naturais impróprios para o tingimento a alta temperatura e pressão. A presença da ligação de hidrogénio e da força de atracção Van der Waals desempenham um papel importante na fixação dos corantes naturais sobre a fibra. Os corantes naturais estão a ter um fraco valor de exaustão devido à afinidade moderada dos materiais fibrosos, pelo que, para aumentar a exaustão dos corantes, adiciona-se sal/Glauber comum no banho de tintura. A isoterma da sorção dos corantes naturais obedece a Nernst isotherm [17, 53, 54]. Os corantes naturais estão a ter pouca afinidade e substantividade [55, 56] para fibras celulósicas como o algodão e a viscose. A ausência de grupos reactivos em fibras e corantes não permite a formação de ligações, pelo que necessitam de tratamento mordente para fixar o corante na superfície da fibra. As fibras proteicas têm grupos de formação de ligação na estrutura da fibra, e a presença de grupos carboxílicos em corantes naturais proporciona a ligação e é colada com fibra e mostra boas propriedades de rapidez. Os corantes naturais têm menor tamanho molecular, e não têm estrutura linear conjugada [57]. Por conseguinte, os corantes naturais têm um comportamento de exaustão inferior. Por vezes, o cloreto de sódio salgado é também utilizado para melhorar a % de exaustão do corante.

Aplicação de corantes naturais

 Diferentes investigadores tinham proposto diferentes métodos de tingimento de fibras naturais e sintéticas com corantes naturais. O tingimento de substratos têxteis depende de parâmetros de tingimento que são a estrutura das fibras, temperatura, tempo e pH do banho de tintura e características da molécula de tingimento. As propriedades de solidez dos corantes em substratos têxteis dependem da ligação dos corantes com a fibra.

 Uma vez que faltam corantes naturais na presença de grupos activos para fazer ligações com fibras têxteis, as propriedades de solidez não são muito boas. As fibras celulósicas são difíceis de tingir com corantes naturais, uma vez que têm pouca afinidade e substantividade. A falta de ligação dos corantes naturais com as fibras celulósicas requer um tratamento mordente. As fibras proteicas têm grupos iónicos e ficam ligadas com corantes naturais que possuem grupos iónicos na estrutura do corante. O tingimento de fibras proteicas pode ser feito pelo método de tingimento por exaustão. Os parâmetros do processo de tintura em tingimento de lã e seda são pH a 4,5-5,5 e temperatura de tingimento de 80-90°C. A exaustão % de corantes no tingimento é muito pobre.

 A proporção de licor mais longa pode ser preferida devido a solubilidades pobres de corantes naturais na água. As tinturarias em aço inoxidável são adequadas para tingir lã e seda. Uma vez que os corantes naturais têm pouca afinidade com a fibra celulósica e devido à exaustão deficiente, é feito um tratamento mordente [29, 58] para fixar os corantes na fibra celulósica. O tingimento da fibra celulósica pode ser feito a uma temperatura de 80-90°C. A exaustão dos corantes pode ser aumentada adicionando agentes de exaustão, cloreto de sódio ou sal de Glauber em banho de tintura. A maior parte do tingimento é feito a pH neutro. O tingimento do algodão com anil natural é feito a pH alcalino na presença de hidrossulfito de sódio num recipiente feito de aço inoxidável.

Tingimento de tecido de algodão com corantes naturais

Existe um processo padrão de tingimento baseado em receitas para o tingimento de fibra/fios/ tecido de algodão. Os pré-tratamentos importantes antes do tingimento são o desengorduramento (desengorduramento ácido ou enzimático), a decapagem (hidróxido de sódio e auxiliares) e o branqueamento com peróxido de hidrogénio (H2O2).

O tecido totalmente pré-tratado livre de todas as impurezas e absorvente é pré-mordantado (simples ou duplo mordente, em harda simples ou sulfato de alumínio em duplo tomando ambos consecutivamente) com sulfato de alumínio. Após a mordenteação, o tecido mordantado é passado através de uma solução aquosa de corantes naturais. Os parâmetros de tingimento serão: - Tempo de tingimento = 60-120 min.

(depende da profundidade % de sombra) - Temperatura do tingimento = 70-100°C - Relação M:L do banho = 1:20-1:30 - Quantidade de corante no banho = 10-50% (sobre o peso do material) - Concentração de sal comum = 5-20 g/l - pH do banho de tintura = 10-11 Após o tingimento, é dado tratamento de ensaboamento para remover quaisquer corantes residuais / não reagentes e químicos auxiliares da superfície do tecido. Um após tratamento com corante natural, o agente de fixação pode ser desejável.

Tingimento de fibras proteicas

A lã e a seda são fibras proteicas; ambas as fibras têm uma estrutura química complexa e são susceptíveis ao tratamento alcalino. O pH alcalino da solução aquosa danifica a fibra. Com pH isoeléctrico de 5,0, a lã é neutra e a seda é ligeiramente positiva. A lã e a seda podem ser tingidas com corantes naturais através da pré-mordenação ou após mordenação. A mordente é feita com uma fonte química natural rica em taninos, como harda ou sulfato de alumínio com sal metálico ou sulfato ferroso. Na pré-mordente, o tecido é tratado com sulfato de alumínio harda ou sal metálico (simples ou duplo) com 5-20% (sobre o peso do material) de concentração mordente à temperatura de 80-90°C durante 30-40 min. A razão M:L é mantida 1:5-1:20. Após mordente, pode ser dado tratamento de secagem e subsequentemente mergulhado em banho de tintura contendo uma solução aquosa de corante natural. Os seguintes parâmetros de tingimento foram mantidos: -

O pH do banho de tintura = 4-5 - Temperatura do tingimento = 80-90°C. - Tempo de tingimento = 50-60 minutos.

Proporção M:L do banho = 1:20-1:30 - Quantidade de corante no banho = 10-50% (sobre o peso do material) Após o tingimento, é dado um tratamento de ensaboamento para remover quaisquer corantes residuais / não reagentes e químicos auxiliares da superfície do tecido. Pode ser desejável um pós-tratamento com agente de fixação de corantes naturais.

Tingimento de fibras sintéticas

Diferentes fibras sintéticas como o nylon, poliéster e acrílico podem ser tingidas com corantes naturais como extracto de pele de cebola, extracto de casca de babool e hina. O tingimento pode ser feito ou pelo método de enchimento (almofada fria) ou pelo método de exaustão com ou sem mordente. O tingimento é efectuado a pH ácido. O tingimento a alta temperatura a alta pressão dá melhores resultados em termos de resistência da cor do que outros métodos de tingimento.

Fixação de corantes naturais

Os corantes naturais estão a ter pouca afinidade e substantividade para os materiais têxteis. Os grupos de ligação não estão presentes nos corantes naturais, devido ao facto de a maioria dos corantes naturais estar a ter uma fraca rapidez de lavagem. A fixação de corantes naturais em materiais têxteis pode ser feita com a ajuda de agentes mordentes. Os agentes mordentes são auxiliares de tingimento e são sais (cloretos e sulfatos) de metais pesados. Os metais pesados Al, Cr, Cu e Sn estão a ter orbitais d vazios e fazem facilmente ligações coordenadas com corantes naturais e locais fibroactivos. O complexo formado tem deslocamento bathochromic e hyperchromic. Existem diferentes tipos de agentes mordentes, tais como mordentes metálicos, taninos e ácido tânico e mordentes de petróleo. Os diferentes sais de metais pesados funcionam como agente complexante e quelato com corantes naturais. Alguns sais metálicos são tóxicos na natureza, mas mesmo depois disso, estão a ter aplicação na fixação de corantes naturais. Os diferentes agentes mordentes são: a. Os mais controversos são os sais de chumbo e cromatos (potássio, sódio, dicromato de amónio). b. O sal $SnCl_2$ também funciona como mordente. É solúvel em água, tendo propriedades de agente redutor. É tóxico na natureza. c. Sulfato de cobre ($CuSO_4 5H_2O$) e sulfato ferroso ($FeSO_4 7\,H_2O$) moléculas são também utilizadas como mordente. São bons agentes quelantes. d. Os taninos são compostos polifenólicos e capazes de formar complexos com metais e ligar-se com substâncias orgânicas tais como proteínas, alcalóides e hidratos de carbono. Os taninos são também chamados bio mordentes. Os taninos podem ser utilizados isoladamente ou em associação com sais metálicos. Os grupos fenólicos de taninos podem formar ligações eficazes com fibras e moléculas de corantes naturais.

Mordentes metálicos

Sais metálicos de alumínio, crómio, ferro e cobre são utilizados como mordentes. Os mordentes importantes são dicromato de potássio, sulfato ferroso, sulfato de cobre, cloreto estanoso e cloreto estânico.

Taninos e ácido tânico

Os taninos são obtidos a partir das excreções da casca e outras partes, por exemplo, folhas e frutos da planta. As excreções são utilizadas directamente ou de forma concentrada. Um grande número de substâncias contendo taninos é utilizado como mordente no tingimento de fibras têxteis.

Mordentes de petróleo

Os mordentes de petróleo são utilizados no tingimento de loucos. As mordentes de óleo fazem um complexo com alúmen utilizado no tratamento de mordentes. O átomo metálico combinado com grupos carboxílicos de óleo e metal ligado faz então a ligação com as moléculas do corante, e desta forma, é possível obter uma solidez de lavagem superior. 6.6 Processo de mordente a. Pré-mordente: No processo de pré-mordenação, a mordente é feita antes do tingimento; subsequentemente o tecido é tingido com corante natural em meio aquoso. É um processo de duplo banho em que o primeiro banho é utilizado para mordentear o tecido e no segundo banho, o tingimento é feito com corantes naturais. O tingimento e a mordente são feitos à mesma temperatura de 60-70°C. Os mordentes são agentes complexantes, e se forem tomados no mesmo banho, podem reagir um ao outro, e pode ocorrer precipitação de corantes. Que deterioram as propriedades de solidez dos tecidos tingidos b. Metamordanting: No tratamento metamordante, os produtos químicos mordentes são adicionados com corante natural no mesmo banho de tingimento; o tingimento e a mordente ocorrem em simultâneo. A temperatura de mordente e tingimento é de 80-90°C c. Após a mordenteação: Após o tratamento de mordente [53, 54], o tingimento do tecido é feito em primeiro lugar; depois disso, no mesmo banho são adicionados compostos de mordente. A temperatura da cromação é de 80-90°C. Após a cromação, a temperatura é reduzida para 60°C, e os produtos são executados durante 15 minutos após a drenagem do licor A aplicação de corantes naturais em materiais celulósicos é feita pelo método de lavagem a seco com almofada e de lavagem a vapor com almofada. A cura a alta temperatura não é sugerida, uma vez que as moléculas de corantes são susceptíveis de se decomporem. O tingimento de fibras e fios também pode ser feito com corantes naturais semelhantes à aplicação de corantes sintéticos.

5. Propriedades de solidez dos corantes naturais

Os parâmetros de qualidade na tinturaria são as propriedades de rapidez. São descritos vários métodos de ensaio para aceder à solidez da cor. As propriedades de solidez dão uma ideia sobre a qualidade do tingimento. Nos corantes naturais, as propriedades de solidez estão fortemente relacionadas com o tipo de substrato e mordente utilizado para a fixação dos corantes. Para além do próprio corante, há muitos factores tais como água, produtos químicos, temperatura, humidade, luz, pré-tratamentos, após tratamentos, distribuição do corante em fibra e fixação do corante afectam as propriedades de solidez.

Na tinturaria natural, a cor e a solidez dos corantes naturais necessitam de atenção especial para uma selecção cuidadosa dos materiais e do processo. Os corantes naturais estiveram em uso até ao final do século XIX. Nessa altura, o tingimento com corantes naturais estava no auge com excelentes propriedades de rapidez; contudo, após a comercialização de corantes sintéticos no século XIX, a proficiência no tingimento natural começou a diminuir. As diferentes propriedades de solidez dos corantes mostram a resistência dos corantes a diferentes ambientes externos nos quais os tecidos que contêm corantes são expostos. As propriedades de solidez dos corantes dependem da estrutura dos corantes, da exposição ao ambiente e dos correctores de solidez e do tipo de mordente utilizado. Há necessidade de explorar alguns agentes naturais após o tratamento para melhorar a luz e a rapidez de lavagem.

5.1 Solidez à luz

A solidez da luz dos corantes naturais é fraca a média. A fraca solidez à luz é devida à alteração cromófica da estrutura do corante após absorção da luz. Os grupos cromóforos não são muito fortes para dissipar a energia absorvida através da ressonância. Cook [60] tinha relatado uma revisão abrangente sobre a melhoria da solidez à luz das fibras têxteis tingidas. Ele estudou a utilização de taninos relacionados com os tratamentos sobre corantes mordantáveis a serem utilizados no tingimento de algodão para melhorar a luz e a rapidez de lavagem, e as suas descobertas foram úteis na melhoria das propriedades de rapidez dos tecidos tingidos naturais. Os corantes naturais têm pouca estabilidade à luz, em comparação com os corantes sintéticos. Padfield e Landi [61] observaram a solidez à luz da lã tingida com nove corantes naturais, tais como: a. Corantes amarelos (bagas velhas fustigadas e persas), solidez à luz classificação 1-2 b. Vermelhos (cochonilha com mordente de estanho, alizarina com mordente de alúmen, laceração com mordente de estanho), classificação 3-4 c. Azuis (índigo depende de mordentes), classificação 4-5 e 5-6 d. Pretos (madeira de lenha), classificação 4-5 Os mordentes influenciam fortemente a solidez à luz dos corantes naturais. Os corantes açafrão-da-terra, fúrtico e calêndula desbotaram mais do que quaisquer outros corantes amarelos; contudo, a aplicação de mordentes de estanho e alúmen causa mais desbotamento do que o crómio, ferro e cobre. Isto mostra a dependência das propriedades de solidez dos corantes naturais no tipo de mordentes. Samanta et al. [62] relataram a melhoria da solidez da luz em corantes naturais aplicados em tecido de juta por 1% de benzotriazol. O maior desafio no tingimento natural para a solidez da cor está relacionado com a solidez à luz. A escolha de mordente adequado irá melhorar a estabilidade da luz, excepto alguns sais de ferro que levam a uma mudança na cor resultante.

Os auxiliares têxteis também melhoram as propriedades de rapidez. Para melhorar a estabilidade da luz de corantes naturais, Lee [63] recomendou um absorvedor de UV em fibra proteica. Oda [18] sugeriu um supressor de oxigénio de uma só vez para melhorar a taxa de solidez à luz. Mussak [64] discutiu o processo de foto-degradação de corantes naturais induzido pela luz. Foram feitas várias tentativas para melhorar a solidez à luz de diferentes tecidos tingidos com corantes naturais, das quais algumas são [65-67]: a. Efeito de vários aditivos no desvanecimento fotoeléctrico de carthamin em película de acetato de celulose. b. Exame crítico do processo de desvanecimento de corantes naturais para reproduzir a cor original do tecido após o desvanecimento. c. A taxa de efeito de desvanecimento fotoeléctrico é efectivamente suprimida na presença de níquel hidroxil-arilsulfonato. A adição de absorvedores UV no banho tem um pequeno efeito na redução do efeito de desvanecimento da foto.

5.2 Solidez de lavagem

A solidez de lavagem dos corantes naturais é pobre a média. A ligação do corante com fibra é muito pobre, e devido a isso os corantes não são muito rápidos com soluções detergentes. Duff et al. [29] estudaram o efeito da alcalinidade da solução de lavagem na lavagem de tecidos tingidos com corantes naturais. O pH alcalino da solução de detergente altera o valor da cor em termos de tonalidade e valor. O logwood e o anil têm um bom valor de solidez em comparação com outros. O tratamento mordente melhora a solidez de lavagem dos corantes. Samanta et al. [68] relataram alguma melhoria na rapidez de lavagem através da utilização de agente de fixação.

5.3 Solidez à fricção

A solidez de fricção da maioria dos corantes naturais é moderada a boa. Samanta et al. [8, 58] relataram que a madeira de jaca, manjistha, madeira de sandália vermelha, babool e calêndula têm uma boa solidez de fricção em tecido de juta e algodão. 8. Vantagens dos corantes naturais 8.1 Tecidos protegidos contra UV Os tecidos protegidos contra UV são necessários para proteger a pele e o corpo do ser humano de queimaduras solares, curtumes, queimaduras prematuras da pele e envelhecimento da pele. Os investigadores tinham feito o trabalho de produzir tecidos que tivessem efeito protector solar através da aplicação de corantes naturais na tinturaria. Sarkar [69] avaliou o valor do factor de protecção ultravioleta (UPF) do tecido de algodão tingido com madder, índigo e cochonilha com referência aos parâmetros do tecido. Grifani [70, 71] estudou o efeito dos corantes naturais no algodão, linho, cânhamo e rami e obteve bons resultados. Os mordentes metálicos [72] têm potencial para melhorar o valor UPF da lã, da seda e do algodão. O extracto de casca de laranja corante natural aplicado na lã aumentou consideravelmente o valor UPF do tecido de lã tingido.

5.4 À prova de insectos

Os materiais celulósicos e de lã são susceptíveis ao ataque de traças e fungos em condições húmidas e quentes. Koto et al. [73] estudaram o efeito dos corantes naturais na lã. Os corantes naturais à base de antraquinona cochonilha, índigo e louco são capazes de produzir tecidos à prova de insectos e repelentes quando utilizados como corantes no tingimento da lã.

6. Resumo e conclusões

- Os corantes naturais devido ao seu carácter único de origem natural são conhecidos como corantes ecológicos; contudo, a ligação das moléculas do corante com os locais fibroactivos é muito pobre, e necessitam de alguns químicos de ligação para ancorar as moléculas do corante com fibra, e os agentes mordentes são úteis para ligar as moléculas do corante com fibra. Os agentes mordentes sintéticos não são muito amigos do ambiente, e alguns são tóxicos que deprimem a eficácia dos corantes naturais e, por vezes, tornam-se matéria de debate. - O corante natural não tem nenhum cartão de tonalidade que corresponda às amostras ou que reproduza a tonalidade. Portanto, há necessidade de recolher dados espectrais de corantes naturais para que qualquer tonalidade possa ser reproduzida.

Há necessidade de sensibilização sobre os tingimentos naturais de tecido tingido nas pessoas para que este possa ser popular em grande escala. e devido a isso a procura e o consumo de tecido tingido natural aumentará. - Os corantes naturais são dispendiosos em comparação com os corantes sintéticos. Por isso, deve ser feito algum trabalho de investigação para reduzir o custo de produção. - Grandes casas de produção, instituições técnicas e casas de investigação deveriam organizar workshops e simpósios para divulgar as vantagens dos corantes naturais. - O governo deveria promover a produção de corantes naturais, dando incentivos financeiros a pequenos fabricantes de corantes naturais. - Deve haver um trabalho muito forte de investigação e desenvolvimento para melhorar a qualidade dos corantes naturais em termos de baixo custo, utilização de mordentes naturais e aplicações generalizadas.

Referências

[1] Hill DJ. Haverá futuro para os corantes naturais? Revisão dos Progressos em Coloração e Tópicos Relacionados. 1997;27:18

[2] Dedhia EM. Corantes naturais. Corantes naturais. 1998;45(3):45 [3] Chavan RB. Processamento Químico de Fios e Tecidos Handloom. Delhi: Departamento de Tecnologia Têxtil, IIT; 1999. p. 6

[4] Ghosh P, Samanta AK, Das D. Efeito de pré-tratamentos selectivos e diferentes pós-tratamentos de resina sobre tecido de estofos de juta-viscose. Revista Indiana de Investigação em Fibras e Têxteis. 1994;19:298

[5] Gulrajani ML, Deepti G. Natural Dyes and their Application to Textiles. Delhi: Departamento de Tecnologia Têxtil, IIT; 1999. p. 23

[6] Senthil P, Umasankar P, Sujatha B. Tingimento ultra-sónico de tecido de algodão usando com folhas de neem. Jornal Têxtil Indiano. 2002;112(6):14

[7] Saxena S, Iyer V, Shaikh AI, Shenai VA. Tingimento de algodão com corante lacado. Corante. 1997;44:23

[8] Samanta AK, Preeti A, Siddhartha D. Tingimento de tecidos de juta e algodão utilizando extracto de madeira de Jackfruit: Parte I - Efeitos das variáveis do processo de mordente e tingimento no rendimento da cor e nas propriedades de solidez da cor. Revista

Indiana de Investigação em Fibras e Têxteis. 2007;32:466

[9] Mathur P, Metha A, Kanwar R, Bhandari CS. Utilização de casca de neem como corante de lã - Condições de tingimento de lã. Revista Indiana de Investigação em Fibras e Têxteis. 2003;28:95

[10] Gulrajani ML, Gupta DB, Agarwal V, Jain V, Jain M. Alguns estudos sobre corantes naturais amarelos. Jornal Têxtil Indiano. 1992;102(4):50

[11] Mahale G, Sakshi, Sunanda RK. Seda tingida com Acalypha (Acalypha wilkesiana) e a sua solidez. Jornal Indiano de Investigação em Fibra e Têxteis. 2003;28:86

[12] Katti MR, Kaur R, Shrihari N. Tingimento de seda com mistura de corantes naturais. Corante. 1996;43(12):37

[13] Lokhande HT, Vishnu A, Dorngade, Nayak SR. Aplicação de corantes naturais em poliéster. American Dyestuff Reporter. 1998;40

[14] Rathi DR, Padhye RN. Estudos sobre a aplicação de corantes naturais em poliéster. Corante. 1994;41(12):25

[15] Paul R, Jayesh M, Naik SR. Corantes naturais: Propriedades de classificação, extracção e solidez. Tintura têxtil e impressora. 1996;29(22):16

[16] Teli MD, Paul R, PD Pardesi. Corantes naturais, classificação, química e métodos de extracção. Corante. 2000;60:43

[17] Krizova H. Corantes naturais. In: Kryštůfek M, Vik W, editores. Capítulo 18: Tinturaria-Teoria e Aplicações Têxteis. 1ª ed. TUL: Vysokoškolskýpodnik Liberec s.r.o., Studentská 2. Liberec. pp. 317-334

[18] Oda H. Melhoria da solidez à luz de corantes naturais. Parte 2: Efeito dos ésteres fenílicos funcionais no desvanecimento fotográfico da cartamina em substrato polimérico. Tecnologia de coloração. 2001;117(5):257

[19] Badan BM, Burkinshans SM. Tingimento de lã e nylon 6.6 com henna e Lawone. Tinturas e Pigmentos. 1993;221:15

[20] Kawamura T, Hisata Y, Okuda K, Noro Y, Takeda, Tanka T. Avaliação da qualidade do corante vegetal henna R

com glicosídeos. Medicina Natural. 2000;54(2):86

[21] Agarwal A, Grag A, Gupta KC. Desenvolvimento de processo de tingimento adequado para tingimento de lã com henna natural (Lawsonia inerma). Corante. 1992;39(10):43 [22] Gupta DB, Gulrajani ML. Estudos cinéticos e termodinâmicos sobre 2-hidroxi-1,4-naftoquinona (lawsone). JSDC. 1994;110:112

[23] Singh K, Karr V, Mehra S, Mahajan A. Tingimento de poliéster com hena assistido por solvente. Corante. 2006;53(10):60

[24] Bechtold T, Turcann E, Ganglberger, Geisslers. Corantes naturais em tinturaria têxtil moderna. Journal of Cleaner Production. 2003;11:499

[25] Rita M, Bechtold T. Corantes naturais em tinturaria. In: Thomas B, Mussak R, editores. Handbook of Natural Colourants. Reino Unido: John Wiley and Sons Ltd.; 2009. p. 316

[26] Bechtold T. Corantes naturais. In: Thomas B, Mussak R, editores. Handbook of Natural Colourants. Reino Unido: John Wiley and Sons Ltd.; 2009. p. 154

[27] Cardon D. Natural Dyes, Tradition, Technology and Science. Londres: Publicações Arquétipo; 2007

[28] Casselman KD. Lichen Dyes and Dyeing: O Novo Livro Fonte. Mineola, Nova Iorque: Dover Publications; 2001

[29] Grierson S, Duff DG, Sinclair RS. Corantes naturais das terras altas escocesas. História Têxtil. 1985;16:23

[30] Gill M, Steglich W. In: Herz W, Grisebach H, Kirby GW, Ch T, editores. Progresso na Química de Produtos Naturais Orgânicos. Vol. 51. 1987. p. 125

[31] Raisanen R. Dyes from lichens and cogumelos. In: Bechtold T, Mussak R, editores. Handbook of Natural

Colourants. Reino Unido: John Wiley and Sons Ltd.; 2009. p. 2003

[32] Porter CJ. Taninos. In: Harborne JB, editor. Methods in Plant Biochemistry. Vol. 1, 389. Londres: Imprensa Académica; 1989

[33] Seigler DS. Metabolismo secundário de plantas. Bostan: Kluwer Publicações Académicas;

[34] Waterman PG, Mole S. Analysis of Phenolic Plant Metabolites (Análise de Metabolitos Fenólicos Vegetais). Oxford: Blackwell Scientific Publications; 1994

[35] Ayres MP, Classe JP Jr, Macclean SF, Redman AM, Reichart PB. Diversidade de estrutura e actividade anti-herbívora em taninos condensados. Ecologia. 1989;78:1696

[36] Julkunen R, Tiitto, Haggman H. Tannins e agentes de bronzeamento. In: Bechtold T, Mussak R, editores. Handbook of Natural Colourants. Reino Unido: John Wiley and Sons Ltd.; 2009. p. 2003

[37] Agarwal A, Paul S, Gupta KK. Efeitos dos mordentes sobre os corantes naturais. Jornal Têxtil Indiano. 1993;1:110

[38] Erica J, Jiedemann, Yang Y. Extracção de tinturas mordentes vermelhas a partir de fibras capilares com segurança para as fibras. Journal of the American Institute for Conservation. 1995;34(3):195

[39] Mathur JP, Bhandari CS. Utilização de açúcar de beterraba como corante de lã. Revista Indiana de Investigação em Fibras e Têxteis. 2001;26:313

[40] Gulrajani ML, Gupta D, Maulik SR. Bio polimento de seda tasar. Jornal Indiano de Investigação em Fibras e Têxteis. 1994;24:294

[41] Gulrajani ML, Bhaumiks S, Oppermann W, Handman G. Dyeing 31 Fundamentals of Natural Dyes and Its Application on Textile Substrates DOI: http://dx.doi.org/10.5772/intechopen.89964 de madeira de sândalo vermelha sobre lã e nylon. Revista Indiana de Investigação em Fibras e Têxteis. 2003;28:221

[42] Sankar R, Vankar PS. Lã de tingimento com flor de Gomphrena globosa. Corante. 2005;52(4):35

[43] Bhuyan R, Sai Kai CN, Das KK. Extracção e identificação dos componentes de cor das cascas de Mimusops elengi e Terminalia arjuna e avaliação das suas características de tingimento na lã. Revista Indiana de Investigação em Fibras e Têxteis. 2004;29(12):470

[44] Samanta AK, Priti A. Aplicação de corantes naturais em têxteis. Revista Indiana de Investigação em Fibras e Têxteis. 2009;34:384

[45] Kharbade BV, Agarwal OP. Identificação de corantes vermelhos naturais em têxteis indianos antigos. Journal of Chromatography. 1985;347:447

[46] Análise Zvic K. HPLC do insecto de escala natural, tinturas mais loucas e índigoides. JSDC. 1994;110(9):273

[47] Guinot P, Roge A, Aradennec A, Garcia M, Dupont D, Lecoeur E, et al. Rastreio de plantas de tinturaria: Uma abordagem para combinar o património passado e o desenvolvimento presente. Tecnologia de coloração. 2006;122:93

[48] Balankina GG, Vasiliev VG, Karpova EV. HPLC e investigações espectroscópicas moleculares do corante vermelho obtido a partir de um antigo tecido Pazyryk. Tinturas e Pigmentos. 2006;71:54

[49] Mc Goven PE, Lazar J, Michel RH. A análise de corantes índigoides por espectrometria de massa. JSDC. 1990;106(1):22

[50] Szostek S, Grwrys JO, Surowiec I, Trojanowicz M. Investigação de corantes naturais que ocorrem em têxteis copticos históricos por cromatografia líquida de alto rendimento com UV-Vis e detecção espectroscópica de massa. Journal of Chromatography. 2003;A1012:179

[51] Cristea D, Bareau I, Vailarem G. Identificação e análise quantitativa HPLC dos principais flavonóides presentes na soldadura (Reseda luteola L.). Tinturas e Pigmentos. 2003;57:267

[52] Son A-Y, Heng PJ, Kim KT. Corantes e Pigmentos. 2007;61(3):63

[53] Patel KJ, Patel BH, Naik JA, Bhavana AM. Tinturaria ecológica com extracto de folhas de Tulsi. Têxteis feitos pelo homem. 2002;45(11)

[54] Bhattacharya SD, Shah AK. Efeito ião metálico no tingimento de tecido de lã com catechu. SDC. 2000;116(1):10

[55] Maulik SR, Bhowmik KI. Estudos sobre a aplicação de alguns corantes vegetais em fibra celulósica e lignocelulósica. ManMade Textiles in India. 2006;49(4):142

[56] Siddiqui I, Gous MD, Khaleq MD. Seda Indiana. 2006;145(4):17

[57] Samanta AK, Priti A. Aplicação de corantes naturais em têxteis. Tintura Internacional. 2008;193(3):37

[58] Samanta AK, Priti A, Siddthartha D. Estudos sobre parâmetros de interacção de cores e propriedades de rapidez de cor para tingimento de tecidos de algodão com misturas binárias de madeira de jaca e outros corantes naturais. Journal of Natural Fibers. 2009;6:171

[59] Mohanty BC, Chandramouli KV, Nail HD. Estudos em Têxteis Contemporâneos do Processo de Tinturaria Natural Indiano da Índia. Calico Museum of Textiles, Ahmedabad: H.N. Patel Publication'; 1987, I e II

[60] Cook CC. Tratamentos posteriores para melhorar a solidez dos corantes em fibras têxteis. Revisão do

progresso em coloração e tópicos relacionados. 1982;12:78

[61] Pad Field P, Landi S. Corantes naturais das terras altas escocesas. Estudos em Conservação. 1966;11:161

[62] Samanta AK, Konar A, Chakarborty S, Datta S. Tingimento de tecido de juta com extracto de tesu: Parte 1 - Efeitos de diferentes mordentes e variáveis do processo de tingimento. Revista Indiana de Investigação em Fibras e Têxteis. 2011;36(3):63

[63] Lee JJ, Lee HH, Eom SI, Kim JP. Pós-tratamento de absorção de UV para melhorar a solidez à luz de corantes naturais em fibras proteicas. Tecnologia de coloração. 2001;117:134

[64] Mussak R, Bechtold T. Renewable resources for textile dyeing-technology, quality, and environmental aspects. In: Actas do Congresso Internacional da IFATCC. Barcelona; 2008

[65] Samanta AK, Konar A, Chakarborty S, Datta S. Efeito de diferentes mordentes, condições de extracção e variáveis do processo de tingimento em parâmetros de interacção de cor e propriedades de solidez da cor no tingimento de tecido de juta com Manjistha, um corante natural. Diário do Instituto de Engenharia. 2010;91:7

[66] Micheal MN, NAEl Z. Colourage. 2005; Anual 83

[67] Hofenk JH, Graff D. Conservação restauração de têxteis de igreja e bandeiras pintadas. In: 4º Seminário Int Restorer. Vol. 2. Hungria; 1983. p. 219

[68] Samanta AK, Priti A, Siddhartha D. Aplicação de sândalo simples e misturas de sândalo vermelho e outros corantes naturais para tingimento de tecido de juta: estudos sobre parâmetros de cor/ritmo de cor e compatibilidade. Journal of the Textile Institute. 2009;100(7):565

[69] Sarkar AK. Uma avaliação da protecção UV conferida pelos tecidos de algodão tingidos com corantes naturais. BMC Dermatologia. 2004;4(1):15

[70] Grifani D, Bacci L, Zipoli G, Carreral G, Baronti S, Sabatini F. Avaliação laboratorial e ao ar livre da protecção UV oferecida pelos tecidos Flex e Hemp tingidos com corantes naturais. Fotoquímica e Fotobiologia. 2002;85:313

[71] Grifani D, Bacci L, Zipoli G, Sabatini F, Albanete I. O papel dos corantes naturais no UV. Protecção de tecidos feitos de fibras vegetais. Corantes e Pigmentos. 2011;91(3):279

[72] Gulrajani ML, Gupta D. Técnicas emergentes para o acabamento funcional dos têxteis. Indian Journal of Fibre and Textile Research. 2011;36:388

[73] Koto H, Hata T, Tsukada M. Potencialidades dos corantes naturais como antialimentos contra o escaravelho do tapete variado, Anthrenus verbasci. Japan Agricultural Research Quarterly. 2004;38(4):241

Printed by Books on Demand GmbH, Norderstedt / Germany